钢筋混凝土框架结构地震倒塌机理

郭迅 著

中国建筑工业出版社

图书在版编目（CIP）数据

钢筋混凝土框架结构地震倒塌机理/郭迅著. —北京：中国建筑工业出版社，2018.3
ISBN 978-7-112-21672-7

Ⅰ.①钢… Ⅱ.①郭… Ⅲ.①钢筋混凝土框架-框架结构-抗震性能-研究 Ⅳ.①TU375.4

中国版本图书馆 CIP 数据核字（2017）第 319375 号

多层钢筋混凝土（RC）框架结构广泛用于学校、医院和办公建筑中，近年发生的多次破坏性地震中，许多 RC 框架结构发生粉碎性倒塌，造成大量人员伤亡。本书从 2008 年汶川地震中位于震中的漩口中学的震害入手，以探讨构造相同的单面外走廊多层框架教学楼全部倒塌，而相邻的内走廊多层框架办公楼不倒塌的原因为目标，通过现场调查、理论分析和地震模拟试验等综合手段，阐述了单面外走廊多层框架结构的倒塌机理。指出窗下半高连续填充墙约束柱的纵向变形，而走廊一侧柱不受约束，导致受约束柱的内力高度集中，出现"凝震聚力"现象，从而率先破坏，以致整体倒塌。试验还揭示了框架结构中梁上填充墙约束梁的变形，使弱梁不弱，致使"强柱弱梁"的设计意图难以实现，这一结果与几乎全部实际震害相吻合。

本书图文并茂，叙述深入浅出，形象地展示了框架结构地震作用下的力学行为和倒塌机理。可供相关高等院校师生以及科研、设计单位的技术人员参考。

责任编辑：刘婷婷　刘瑞霞
责任设计：李志立
责任校对：焦　乐

钢筋混凝土框架结构地震倒塌机理

郭迅　著

*

中国建筑工业出版社出版、发行（北京海淀三里河路 9 号）
各地新华书店、建筑书店经销
霸州市顺浩图文科技发展有限公司制版
北京利丰雅高长城印刷有限公司印刷

*

开本：787×1092 毫米　1/16　印张：6　字数：145 千字
2018 年 2 月第一版　　2018 年 2 月第一次印刷
定价：**70.00** 元
ISBN 978-7-112-21672-7
（31534）

前　言

钢筋混凝土（RC）框架结构广泛应用于学校、医院、办公楼和住宅建筑中，地震时这类结构倒塌造成的人员伤亡触目惊心。在设计中，框架结构要满足"强柱弱梁"原则以避免倒塌，但是大量的实际震害表明"强柱弱梁"难以实现。2008 年汶川地震中，位于震中映秀镇的漩口中学有 3 栋构造相似的单面外走廊多层框架结构教学楼发生模式相近的倒塌，而相邻的内走廊多层框架教学楼没有倒塌。本书以解释这一现象为出发点，通过现场调查、理论分析和地震模拟实验，探讨多层 RC 框架结构的地震倒塌机理，得到如下几点新认识。

1. 窗下半高连续填充墙对窗间柱的约束作用导致柱侧向刚度比无约束的走廊柱高出几倍，结构在纵向有显著的偏心；而横向受满砌填充墙的约束难以变形，结构并不发生扭转，各层楼板仅沿纵向发生平动；假定窗间柱被半高墙约束，则其获得相当于走廊柱 8 倍的地震剪力和 4 倍的弯矩，这样窗间柱上下端率先破坏形成塑性铰。

2. 楼板在纵向往复运动过程中，窗间柱的相对层间位移角相当于走廊柱的两倍，因 $P\text{-}\Delta$ 效应而率先丧失承重能力（倾倒或压溃），继而引发结构整体倒塌。这样的倒塌模式可以概括为"凝震聚力、个个击破"。

3. 框架梁上的填充墙（无论半高或全高）对梁的竖向变形有很强的约束作用，实际上墙和梁组成了一个整体构件在工作，这样的"组合梁"相当于给柱端提供一个固端约束，"弱梁不弱"，柱端出现塑性铰是很自然的。这就解释了为什么在实际震害中难以见到"梁铰"而处处是"柱铰"。

研究过程中还获得了有关多层 RC 框架结构地震作用下力学行为的若干启示。窗下填充墙在结构实际内力分配中发挥着决定性作用，成为触发结构发生"凝震聚力、个个击破"式倒塌的关键因素。结构倒塌一般始于底层，底层的柱并非同步受损，相当于被地震动"蚕食"，逐个或分批失效。结构内力分析应考虑砌筑纵横向填充墙后的空间整体效应。比如按照二维分析时，满砌的横向填充墙对结构扭转的约束作用就无法体现，这样，各层楼板的纵向平动模式就不能展现出来。

本书由郭迅总体负责，王波撰写了第 4、5 章，宣越撰写了第 3、6 章，袁新星撰写了第 7 章。相关的研究工作始于 2008 年汶川地震之后，我的博士生杨伟松、黄思凝、刘红彪、梁永朵、周洋和硕士生袁星、武占鑫、何雄科都作出了重要贡献。

感谢国家自然科学基金（项目编号：51478117）的资助。

郭迅

2017 年 11 月

目　　录

第1章

绪论

我国地震灾害十分严重，具体表现为小震致灾、中震大灾、大震巨灾。而房屋倒塌是地震造成人员伤亡和财产损失的最主要原因。提高房屋结构的抗倒塌能力是减轻地震灾害的最主要途径。"倒"是指竖向构件，比如柱、墙倾覆；"塌"是指水平构件，比如梁、板坠落。"倒"是因，"塌"是果，研究倒塌机理，关键在于查找竖向构件失效的原因。多层钢筋混凝土（RC）框架结构在我国应用十分普遍，历次破坏性地震中倒塌数量相当多，造成众多人员伤亡。国内外学者对这种结构的研究投入了大量的精力。T. paulay 提出多数 RC 框架结构的倒塌模式都可归因于图 1.1（a）、（b）所示的"层屈服机制"。该图显示，对于相同的最大屋顶侧移 Δ，"梁铰机制"对应的层间位移角远小于"柱铰机制"对应的层间位移角，因而对塑性铰的延性要求就没有那么苛刻。柱铰机制通常对应软弱底层，即使柱上、下端塑性铰区的构造措施再完善，也很难满足延性要求，据此提出应尽量避免柱铰机制的出现。清华大学的林旭川、叶列平等对汶川地震中的 RC 框架结构进行有限元仿真分析，认为按照规范设计的框架结构无法满足"强柱弱梁"的要求。马玉虎、陆新征等认为楼板作用和基础转动作用对框架结构的破坏模式有较大影响。Elwood 对一个单层两跨平面框架结构进行了振动台倒塌试验，并分析了中柱失效后的内力重分布情况。Wu 对一个单层三跨剪切型平面框架结构进行了倒塌试验研究，模拟了框架柱从开始损伤至完全丧失承重能力而倒塌的全过程。黄思凝和郭迅等设计了相似比为 1∶4 的两层外廊式框架结构模型，并用振动台进行倒塌试验，提出在倾覆弯矩引起的附加轴力作用下，外廊式框架单柱侧的总轴压比升高，延性显著降低，柱端塑性铰区出现压剪破坏是引起外廊式框架倒塌的主要原因。金焕和戴君武等设计制作了 3 个缩尺比为 1∶2 的考虑楼板翼缘及填充墙作用的单层不等跨框架模型，研究表明现浇楼板的存在是结构产生"强梁弱柱"式破坏机制的重要原因，当填充墙存在时，外廊柱的存在加重了中柱的破坏程度。杨伟松、郭迅等进行了一个相似比为 1∶4 的三层 RC 框架结构振动台试验，研究了结构模型地震响应规律、宏观破坏模式。依据各关键测点的实测数据和倒塌过程，指出受窗下墙约束的柱率先失效而触发结构倒塌。同济大学的黄庆华和顾祥林进行的 RC 框架结构振动台倒塌试验显示模型发生了始于底层的"强梁弱柱"型倒塌。

在地震作用下，框架底层柱承担的竖向和水平向荷载最大，柱上、下端出现塑性铰后，该层变成几何可变体系，因无法承重而倒塌，以致出现图 1.1（a）所示的经典"层屈服机制"。若中间存在薄弱层，也可能出现图 1.1（b）所示的模式。为避免"层屈服"模式的出现，各国抗震设计规范均采用"强柱弱梁"的设计准则，期望出现如图 1.1（c）和图 1.1（d）所示的"梁铰屈服机制"。若塑性铰出现在梁端，既能消耗地震能量，又能保证柱的相对完整性，这样能最大限度地保证柱的竖向承载能力，从而避免结构因承重失效而发生倒塌。在我国现行的抗震设计规范中，具体做法是提高柱端设计弯矩值，即：

$$\sum M_{c} = \eta_{c} \sum M_{b} \tag{1.1}$$

式中：$\sum M_c$——节点上下柱端截面顺时针或逆时针方向组合的弯矩设计值之和；

$\quad\quad\sum M_b$——节点左右梁端截面逆时针或顺时针方向组合的弯矩设计值之和；

$\quad\quad\eta_c$——框架柱端弯矩增大系数；对框架结构，一、二、三、四级可分别取 1.7、1.5、1.3、1.2；其他结构类型中的框架，一级可取 1.4，二级可取 1.2，三、四级可取 1.1。

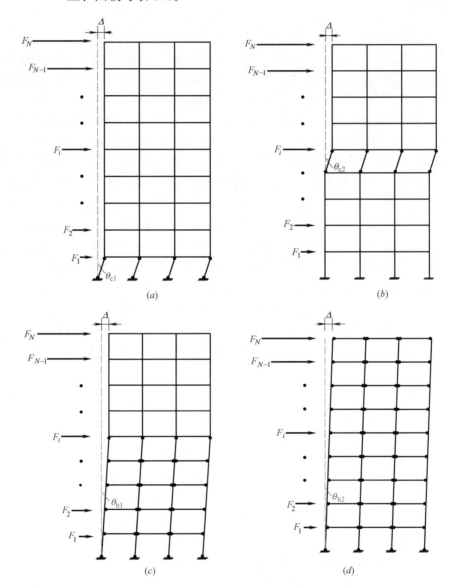

图 1.1　经典的 RC 框架地震倒塌机制

（a）底层屈服机制；（b）中间层屈服机制；（c）部分楼层梁铰机制；（d）全部楼层梁铰机制

　　如果不考虑填充墙的作用，"层屈服机制"是正确的，然而实际震害所表现出的破坏或倒塌模式只有极少数能够用"层屈服机制"来解释。比如位于都江堰市底层空旷的临湖别墅，在 2008 年 5 月 12 日汶川地震中遭遇了如照片 1.1 所示的破坏。照片 1.2 和照片 1.3 分别展示了 1971 年美国 San Fernando 地震和 1990 年菲律宾地震中结构底层的破坏。

(a)　　　　　　　　　　　　　　　　　　(b)

照片 1.1　都江堰临湖别墅底层破坏

（a）整体结构；（b）局部破坏

(a)　　　　　　　　　　　　　　　　　　(b)

照片 1.2　橄榄景（Olive View）医疗中心

（a）整体结构；（b）局部破坏

照片 1.3　底层破坏（1990 年菲律宾地震）

（来源：Paulay`T，Priestley M J N. Seismic Design of Reinforced Concrete and Masonry Buildings ［J］. 1992（1）：3）

在实际工程中，出现临湖别墅这样整层空旷的情形是很少的。特别值得关注的一个问题反映在漩口中学各栋框架结构的地震破坏模式上。照片 1.4 是漩口中学 2008 年汶川地震后的面貌，各结构的平面位置示于图 1.2。图中的五栋教学楼全部倒塌，并且倒塌方向非常一致地指向操场的外侧，而紧邻教学楼 A 的办公楼 H 则没有倒塌（照片 1.5）。从结构平

照片 1.4 漩口中学震后面貌

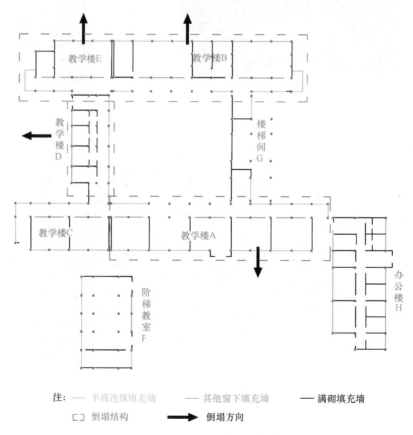

注： ---- 半高连续填充墙 —— 其他窗下填充墙 —— 满砌填充墙
▢ 倒塌结构 ➡ 倒塌方向

图 1.2 漩口中学各栋建筑平面位置

面图上可以看出，教学楼是外走廊式多层框架，倒塌方向均指向教室一侧，而办公楼为内走廊式多层框架，构件布置关于长轴方向对称。这一强烈对比表明教学楼的倒塌与其平面布置的不对称性可能有某种联系。

本研究从漩口中学各栋多层框架的不同地震表现入手，试图更真实地模拟实际结构的状态，通过模型试验和理论分析揭示教学楼倒塌机理。

照片 1.5　漩口中学办公楼——内走廊框架结构

第 2 章

多层RC框架结构震害特征分析

2.1 填充墙破坏

　　框架结构需要填充墙进行分隔和围护。在现行抗震设计规范中，填充墙的影响是这样考虑的：填充墙的质量延长了结构的自振周期；柱间填充墙增加了框架侧向刚度，又使结构自振周期折减，综合二者的影响，一般认为自振周期是减小的。这可能使原本处于反应谱第二拐点以外的框架结构第一周期减小到处于平台段，从而增加了地震荷载。

　　实际上填充墙都是用实心砖、空心砖、混凝土砌块或加气砌块砌筑的，不能承受剪切变形，在地震作用下表现出显著的脆性，即使结构遭遇的地震荷载不大，也能在填充墙上发现比较显著的斜裂缝。随着地震荷载的加大，框架结构出现层间变形，则填充墙裂缝继续发展，形成贯通裂缝，以致砌块被挤碎和大面积脱落。照片 2.1～2.4 显示了填充墙不同程度的破坏。

照片 2.1　芦山中学实验室多孔砖填充墙损坏

照片 2.2　芦山中学教学楼走廊填充墙破坏

照片 2.3　填充墙出平面破坏

照片 2.4　圆弧填充墙很容易出平面破坏

2.2 框架节点破坏

框架节点是梁柱交汇的区域，节点要承受拉、压、弯、剪等各种作用，受力十分复杂。处于不同拓扑位置的节点受力差异很大，破坏情况也不同。现行抗震设计规范中，通过强调"强节点、弱构件"这一设计要求来避免地震作用下结构由于局部破坏（主要指节点）而导致整体倒塌。但实际震害中，由于钢筋锚固不足、混凝土捣固不密实、箍筋设置不完全、施工缝处置不当等因素导致的节点破坏情况仍大量存在。照片 2.5～2.11 所示的就是框架结构典型的节点破坏。

照片 2.5　都江堰临湖别墅有临空面节点破坏

照片 2.6　北川禹荷花园框架节点核心剪切破坏

照片 2.7　无临空面节点—柱端出现塑性铰

照片 2.8　无临空面的节点破坏

照片 2.9　内节点破坏

照片 2.10　角柱节点破坏

照片 2.11　填充墙推挤造成的节点破坏

2.3　短柱破坏

《高层建筑混凝土结构技术规程》JGJ 3—2010 与《建筑抗震设计规范》GB/T 50011—2010 中规定，剪跨比 λ≥2 时为长柱，柱的破坏形态为压弯型，只要构造合理，一般都能满足柱的斜截面受剪承载力大于其正截面偏心受压承载力的要求，且有一定的变形能力。当 1.5≤λ<2 时为短柱，柱将产生以剪切为主的破坏。当提高混凝土强度或配有足够的箍筋时，也可能出现具有一定延性的剪压破坏。当 λ<1.5 时为极短柱，柱的破坏形态为脆性剪切破坏，抗震性能差，一般设计中应尽量避免，若无法避免则应采取特殊措施以保证其斜截面承载力。

照片 2.12～照片 2.15 所示为剪跨比较小时柱的破坏形态。照片 2.12、照片 2.13 是由于柱和窗间填充墙的组合形成了短柱而出现的脆性剪切破坏。照片 2.14 是由于窗下填充墙过高，对柱的约束作用很强，使柱的剪跨比显著降低而导致的脆性剪切破坏。照片 2.15 是由于在柱两侧设置了矮窗，构成了剪跨比极小的短柱而出现脆性剪切破坏。

照片 2.12　短柱—剪跨比小的窗间墙

照片 2.13　汶川县底商破坏— 开窗洞填充墙形成的短柱

照片 2.14　鲁甸中学—开窗洞填充墙形成的短柱

照片 2.15　结古镇震害—剪跨比小—短柱—剪切破坏

2.4　层倒塌

层倒塌是框架结构最常见的倒塌模式。为了克服层倒塌模式，世界各国研究人员投入了大量精力，得到的共识是"强柱弱梁"。通过提高柱的设计弯矩，使塑性铰出现在梁端，既消耗了地震能量，又保证了担负承重任务的柱的相对完整性。然而，层倒塌在多年来的历次地震中屡见不鲜，这表明目前对框架结构倒塌机理的认识以及相应的抗御措施是有问题的。照片 2.16～照片 2.19 是近年来地震中出现的结构层倒塌模式。

照片 2.16　北川大酒店第二层纵向倒塌　　　　照片 2.17　框架底层纵向倒塌

照片 2.18　龙头山幼儿园框架底层纵向侧移　　照片 2.19　玉树武警某框架底层沿纵向侧移

2.5　整体倒塌

由柱铰机制导致的层屈服破坏是结构整体失效的重要原因之一。薄弱层破坏常出现在底层，少部分结构中间层也时有出现。另外，近些年的地震中，出现大量框架结构整体倒塌的情况，照片 2.20～照片 2.22 所示为汶川地震中出现的结构整体倒塌模式。

照片 2.20　北川县政府正面　　　　　　　　照片 2.21　北川县政府侧面

照片 2.22　北川县联社

第3章

多层RC框架模型设计与制作

3.1 模型设计

鉴于位于震中的漩口中学有外走廊的教学楼都倒了，而没有外走廊的办公楼则没倒，这里将采用地震模拟试验方法揭示这一问题的原因。试验以图1.2中漩口中学教学楼 A 为原型，取其中⑫～⑭轴按照1:4的几何比例进行设计（图3.1）。受到振动台台面尺寸和承载能力的限制，取原型的1～3层进行模拟，这样做的原因主要有两点考虑，其一是原型结构的倒塌始于底层，所以底层的几何构造、边界条件和力学参数的模拟十分关键；其二是在三层的模型中增加配重总量，模拟五层原型结构对底层柱的轴压比以及倾覆力矩的影响。模型横向长 2550mm，纵向长 2250mm，模型平面图、各轴立面图及板、柱配筋图示于图3.2～图3.9。

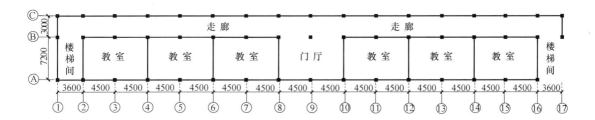

图 3.1　教学楼 A

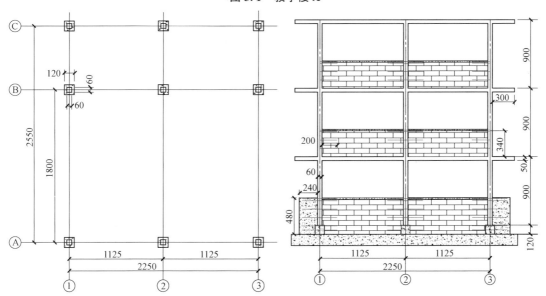

图 3.2　柱网布置图（单位：mm）

图 3.3　模型Ⓐ轴立面图（单位：mm）
（注：红线表示拉结筋位置）

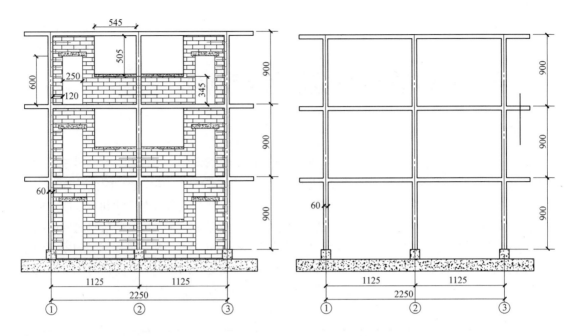

图 3.4　模型Ⓑ轴立面图（单位：mm）
（注：红线表示拉结筋位置）

图 3.5　模型Ⓒ轴立面图（单位：mm）

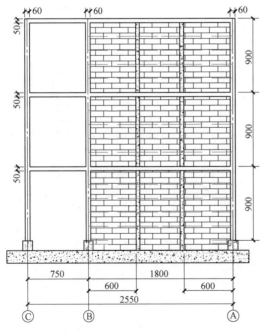

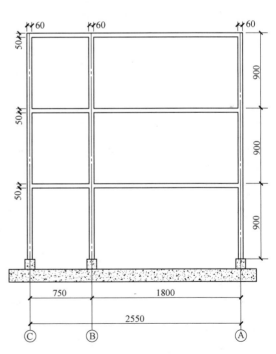

图 3.6　①③轴立面图（单位：mm）
（注：红线表示拉结筋位置）

图 3.7　②轴立面图（单位：mm）

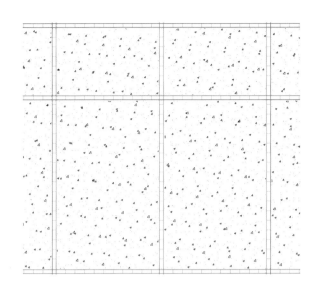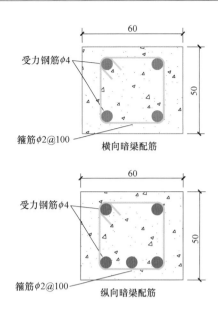

图3.8 板中暗梁位置与配筋图（单位：mm）

受力钢筋$\phi4$

箍筋$\phi2@100$　横向暗梁配筋

受力钢筋$\phi4$

箍筋$\phi2@100$　纵向暗梁配筋

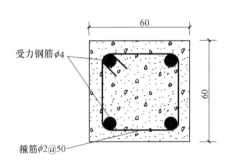

受力钢筋$\phi4$

箍筋$\phi2@50$

图3.9 柱配筋图（单位：mm）

3.2 模型相似设计

被模拟部分原型结构的质量按照5层计算，两个开间所有梁、柱、板等构件总质量以及活载、非结构构件总质量 $m_p=458t$。模型质量包括两部分，即模型结构构件的质量与人工配重。模型构件质量为 $m_m=3.99t$（详细计算见表3.1），按照模型相似关系可以计算所需施加的人工质量。取长度相似比 l_r 为1:4，弹性模量相似比由模型混凝土强度与原型混凝土强度各自对应的弹性模量确定，取 $E_r=0.55$，承托模型的混凝土底板质量 $m_b=2.80t$。

满足相似关系所需的人工配重为：

$$m_a=E_r l_r^2 m_p-m_m=12.00t$$

此时，台面总负载为：

$$M=m_m+m_a+m_b=18.79t$$

加足12t人工质量，仍然能够满足振动台的最大负载20t的要求。模型各层配重分配见图3.10。其他各相似关系的推导见表3.2。

模型质量计算　　　　　　　　　　　　　　　　　　　　　表3.1

第一层		第二层		第三层	
类别	质量(kg)	类别	质量(kg)	类别	质量(kg)
柱	63.34	柱	63.34	柱	63.34
楼板	911.41	楼板	911.41	楼板	911.41
横墙	151.90	横墙	133.11	横墙	133.11
纵墙(Ⓐ轴)	94.61	纵墙(Ⓐ轴)	70.96	纵墙(Ⓐ轴)	70.96
纵墙(Ⓑ轴)	152.92	纵墙(Ⓑ轴)	129.26	纵墙(Ⓑ轴)	129.26
$\sum m_{\mathrm{I}}$	1374.18	$\sum m_{\mathrm{II}}$	1308.08	$\sum m_{\mathrm{III}}$	1308.08
总计(kg)		$\sum m_{\mathrm{m}} = 3990.34$			
备注		混凝土密度取值：柱 $2.30 \times 10^3 \, \mathrm{kg/m^3}$；楼板 $2.40 \times 10^3 \, \mathrm{kg/m^3}$；砌块 $1.80 \times 10^3 \, \mathrm{kg/m^3}$			

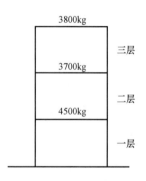

图3.10　配重布置图

漩口中学模型地震模拟试验相似关系　　　表3.2

物理量	相似关系	模型/原型
长度	l_{r}	0.25
弹性模量	E_{r}	0.55
材料密度	$\rho_{\mathrm{r}} = E_{\mathrm{r}}/l_{\mathrm{r}}$	2.2
应力	$\sigma_{\mathrm{r}} = E_{\mathrm{r}}$	0.55
时间	$t_{\mathrm{r}} = \sqrt{l_{\mathrm{r}}}$	0.50
变位	$r_{\mathrm{r}} = l_{\mathrm{r}}$	0.25
速度	$v_{\mathrm{r}} = \sqrt{l_{\mathrm{r}}}$	0.50
加速度	$a_{\mathrm{r}} = 1$	1.0
频率	$\omega_{\mathrm{r}} = 1/\sqrt{l_{\mathrm{r}}}$	2.0

3.3　模型材料性能试验

　　本模型制作材料选用微粒混凝土和镀锌铁丝。微粒混凝土由水泥、砂、石子按照 1：2.6：4.0 的配合比制成，水灰比取 0.7，水泥强度等级为 42.5MPa，采用的石子粒径不大于 8mm，级配如照片 3.1 所示。用作柱纵向受力钢筋的镀锌铁丝直径为 3.6mm，为了模拟带肋钢筋的物理性能，在铁丝上每隔 20mm 进行刻痕处理，如照片 3.2 所示；箍筋直径为 1.6mm。填充墙采用空心砌块砌成，砌块尺寸（98mm×48mm×48mm）按照标准砌块 1：4 缩尺得到，孔洞尺寸为 35mm×30mm×48mm（照片 3.3）；砌块材料为水泥砂浆，水泥和砂的配合比为 1：4，填充墙灰缝及横向填充墙构造柱砂浆质量配合比为 1：3。

　　按照试验规程对以上材料试件进行力学性能试验。在浇筑模型时预留 8 个立方体试块，养护 28d 后采用长春科新 YAW2000 微控电液伺服压力机进行立方体抗压强度试验，并计算试验用混凝土材料的立方体抗压强度平均值（表3.3）。

　　采用 MTS Model E45 万能试验机做钢筋拉伸试验，得到各种钢筋的拉伸应力时程曲线（图3.11）和抗拉强度值（表3.4）。

照片 3.1 微粒混凝土石子粒径示意

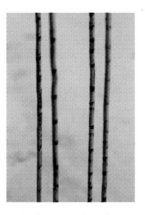

照片 3.2 镀锌铁丝
刻痕处理

照片 3.3 试验用砌块

混凝土立方体抗压强度 表 3.3

试块编号	1	2	3	4	5	6	7	8
立方体抗压强度试验值 f_{cu}(MPa)	22.21	22.71	22.26	21.17	20.85	19.16	18.24	18.46
立方体抗压强度平均值 f_{ak}(MPa)	20.63							

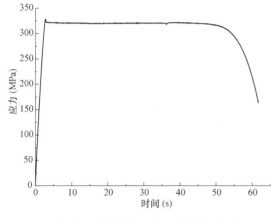

钢筋力学性能试验结果 表 3.4

钢筋类别 (D=4mm)	1	2	3
钢筋屈服强度 f_y(MPa)	306	321	314
钢筋屈服强度 f_y 均值(MPa)	317		

图 3.11 钢筋(镀锌铁丝)拉伸试验应力时程曲线

另外,对墙体以及砂浆试件做抗压强度试验,获得如表 3.5 所示的试验结果。

填充墙材料力学性能 表 3.5

试块类型	抗压强度(MPa)	试块类型	抗压强度(MPa)	试块类型	抗压强度(MPa)	试块类型	抗压强度(MPa)
小型空心砌块	5.4	墙体试块	6.8	砂浆(1:3)	8.2	砂浆(1:4)	3.2
	6.3		6.0		8.3		3.1
	7.5		5.5		8.3		3.2
	6.3		5.8		—		—
	4.8		—				
均值	6.1		6.0		8.3		3.2

3.4　模型制作

模型施工包括主体混凝土框架和填充墙。框架施工要经过绑钢筋、支模、混凝土浇筑、养护和拆模，其中有关配筋构造、填充墙构造设计根据 03G101-1 图集，以及西南 05G701 图集，具体按照相似关系调整应用到模型中。框架柱中受力钢筋保护层厚度为 10mm，钢筋最小锚固长度为 150mm，箍筋弯钩为 135°，平直段长为 5d，箍筋间距为 50mm。模型养护 28d 后拆模，采用小型砌块进行填充墙砌筑，横向填充墙设置两道构造柱，构造柱截面尺寸为 48mm×48mm，纵筋 4φ4，箍筋 φ1.5@50，顶部与板相接处采用斜砌，实心砖逐块敲紧，缝隙填实砂浆。另外，墙体应与框架柱或构造柱拉结，每隔 3 皮砌块设置一对拉结筋，拉结筋直径为 2mm，深入框架柱内 50mm，深入构造柱内 20mm，伸入墙内 200mm；纵向Ⓑ轴设有教室门窗，门上方在砌筑时设置过梁。模型制作过程各施工工序示于照片 3.4。

照片 3.4　模型制作（一）

（a）清理台面；（b）放线；（c）柱筋绑扎；（d）楼板中暗梁节点；（e）支模板；
（f）模型浇筑；（g）养护后拆模；（h）横墙构造柱受力筋与拉结筋；（i）整体框架模型

(j)   (k)

(l)   (m)   (n)

照片 3.4　模型制作（二）

（j）填充墙砌筑材料；（k）横墙施工；（l）构造柱马牙槎与顶部斜砌；（m）模型制作完成（1）；（n）模型制作完成（2）

吸取以往试验的经验，为了更加真实地模拟原型结构，以获得更好的试验效果，本次试验在以下几方面做了改进：

（1）为避免柱筋从底板拔出，在柱底部特别加强了柱根部钢筋与底板的连接，实物照片和连接处配筋详图见图 3.12。

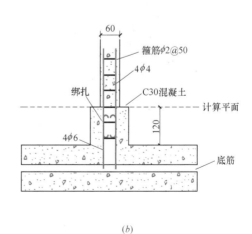

(a)   (b)

图 3.12　柱与底板的连接

（a）实物照片；（b）连接处配筋详图（单位：mm）

（2）由于所截取的⑫轴和⑬轴并非结构端部，为了模拟该处柱所受到的纵向半高连续填充墙的约束作用，在模型Ⓐ轴左右两端设置了长 240mm、高度与填充墙相等的混凝土墙。墙体配筋为每隔 50mm 设置 2 根 $\phi4$ 钢筋（图 3.13）。

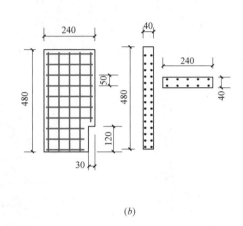

(a)　　　　　　　　　　　　　　　　　(b)

图 3.13　纵向填充墙外伸部分

(a) 位置；(b) 配筋

（3）同样，⑫轴和⑭轴各层梁柱节点并非外节点，为了模拟更加真实，将各层楼板沿纵向外伸 300mm（图 3.14）。这样做的另一个好处是在外伸段放置配重可改善节点的受力条件，并与真实情况更接近。

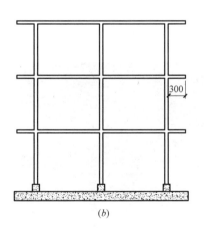

(a)　　　　　　　　　　　　　　　　(b)

图 3.14　楼板外伸

(a) 实物图；(b) 示意图

（4）实地走访结构原设计人员，了解到纵向半高连续填充墙均设置了钢筋混凝土压顶，本模型的压顶设置情况如照片 3.5 所示。

照片 3.5　纵向填充墙压顶

第4章

结构模型模态测试

4.1 基本理论

在结构动力学中，结构模态参数包括结构各阶固有频率、各阶振型和阻尼比。一个多自由度结构的自由振动可以用式（4.1）描述。

$$[M]\{\ddot{u}\}+[K]\{u\}=0 \tag{4.1}$$

式中，$[M]$ 为结构的质量矩阵；$\{u\}$ 为结构位移响应列向量；$[K]$ 为结构的刚度矩阵。式（4.1）对应的特征方程为：

$$([K]+\omega^2[M])\{\phi\}=0 \tag{4.2}$$

式中，ω 为结构的固有圆频率；$\{\phi\}$ 为结构的振型列向量。设结构的自由度数为 n，则有 n 个圆频率 ω_i（$i=1,2,\cdots,n$）和 n 个列向量 $\{\phi\}_i$（$i=1,2,\cdots,n$）。圆频率和振型向量就是模态参数的主要组成部分，这些模态参数由结构的质量分布和刚度决定，是结构的固有属性。模态参数也直接影响结构的地震响应。一般情况下，通过敲击给结构施加脉冲信号，可以获得结构的脉冲响应。依据脉冲响应幅值衰减的快慢可以计算结构的阻尼比，不过这种方法只能获得一阶振型的阻尼比。

4.2 传感器及数据采集设备

试验中测量的物理量有位移、加速度和应变。测试位移的传感器有 DT-10 电子百分表（日本 Kyowa 公司生产）和 SW-10 型拉线位移计［中国地震局工程力学研究所（以下简称工力所）生产］。DT-10 与 711B 型动态应变仪配接（日本 Kyowa 公司生产），拉线位移计直接输出电压信号；测试加速度的传感器有 LC0405T 压电式加速度传感器（Lance 测试技术有限公司）及 941B 动圈式加速度传感器（工力所）；使用的应变片为 BQ120-60AA 混凝土专用应变片（中航工业电测仪器股份有限公司），应变放大器及应变数据采集为 DH3820 采集器（江苏东华测试技术股份有限公司）。各传感器详细参数列于表 4.1。除应变之外的数据由 INV3060S 型信号采集分析仪（北京东方振动和噪声技术研究所）和 Siglab 数据采集仪（美国 Spectral Dynamics 公司生产）采集。图 4.1 为各传感器和采集设备的实物照片。

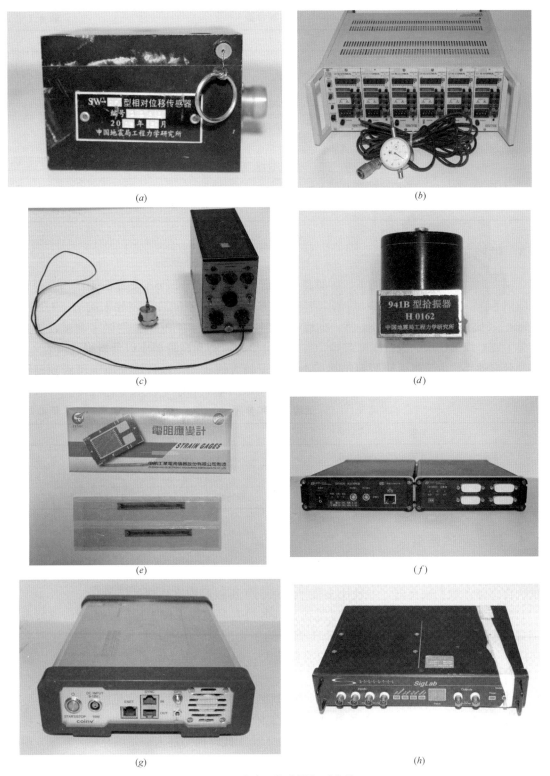

图 4.1　试验用传感器与采集仪

(*a*) SW-10 型拉线位移计；(*b*) DT-10 与 711B 型动态应变仪；(*c*) LC0405T 压电式加速度传感器；(*d*) 941B 动圈式加速度传感器；(*e*) BQ120-60AA 混凝土专用应变片；(*f*) DH3820 采集器；(*g*) INV3060S 型信号采集分析仪；(*h*) Siglab 数据采集仪

传感器参数　　　　　　　　　　　　　　　　　　　　　　表 4.1

序号	类别	型号	参数
1	位移	DT-10	量程:10mm,频响:0~20Hz, 灵敏度:2000mV/mm(和 200mV/mm)
		SW-10	量程:200mm,频响:0~20Hz,灵敏度:50mV/mm
2	加速度	LC0405T	量程:±300g,频响频率范围:0.5~1000Hz(±10%), 电荷灵敏度:300~400pC/g
		941B	量程:±2.0g,频响:0.1~35Hz,灵敏度 3000mV/g
3	应变	BQ120-60AA	长度:60mm,电阻值:120.5±0.1, 灵敏系数:2.20±1%

4.3　试验工况

模态测试获得的信号有两类,一类是模型结构的脉动信号,另一类是敲击结构获得脉冲响应信号。脉动测试和敲击测试操作简便,在模型施工的不同阶段,如未砌墙＋1/2 配重（Case1）、砌墙＋1/2 配重（Case2）、砌墙＋满配重（Case3）工况下分别做了测试,得到的结果主要是模型结构的纵、横向基频,有时也可得到扭转和高阶频率以及阻尼比（表 4.2）。振动台启动后,由于机械原因对结构模型施加了较大的扰动,以致填充墙上可看到损伤裂缝。扰动后再进行敲击测试,获得扰动前后模型纵向基频和阻尼比的变化规律。

试验工况和参数　　　　　　　　　　　　　　　　　　　表 4.2

序号	类别		参数及功能
1	脉动		纵、横向基频;扭转频率
2	敲击	扰动前	脉冲响应;纵向阻尼比
		扰动后	脉冲响应;纵向基频;纵向阻尼比

4.4　脉动测试结果

脉动是指结构在环境激励下的响应。尽管脉动信号微弱,容易受到噪声污染,但通过精选传感器和数据采集器,并使用多段平均法仍然可以获取高质量的信号。

本次测试采用 941B 加速度传感器和 Siglab 数据采集仪。位于顶层的四个传感器布设位置示于图 4.2 (a),图 4.2 (b) 为传感器的实物照片。Siglab 数据采集仪的分辨率为 16Bit,它可以对信号进行低通滤波和前置放大,并选用±80mV 作为电压量程,以确保信号具有最小的失真度。

Case 1（未砌墙＋1/2 配重）得到的模型顶层中心的信号时程曲线见图 4.3,其对应的自功率谱见图 4.4。该图显示模型纵向一阶、二阶固有频率分别为 1.88Hz 和 5.58Hz,横向一阶、二阶固有频率分别为 1.90Hz 和 5.72Hz。由于此时模型还未砌筑填充墙,其纵、横向以剪切模式变形,一、二阶频率比大约为 1:3。另外,图 4.5 是位于顶层左右两端的同向加速度传感器得到的自功率谱信号,该信号显示出模型的扭转频率约为 2.73Hz。扭转频率是通过左右两端信号的傅里叶相位谱差值为±180°（图 4.6）来进一步确定的。

图 4.24 的位移响应时程除显示模型结构在受到扰动后，其纵向基频降低到 3.42Hz，纵向阻尼比增加到 2.56％外，还表明结构沿纵向呈现平动趋势，并没有发生扭转。对比同一工况下（Case 2、Case 3）模型顶层的纵、横向加速度时程信号得出其横向基频远高于纵向基频。这一结果是和脉动测试结果近似一致的。另外，各工况下的阻尼比测试结果

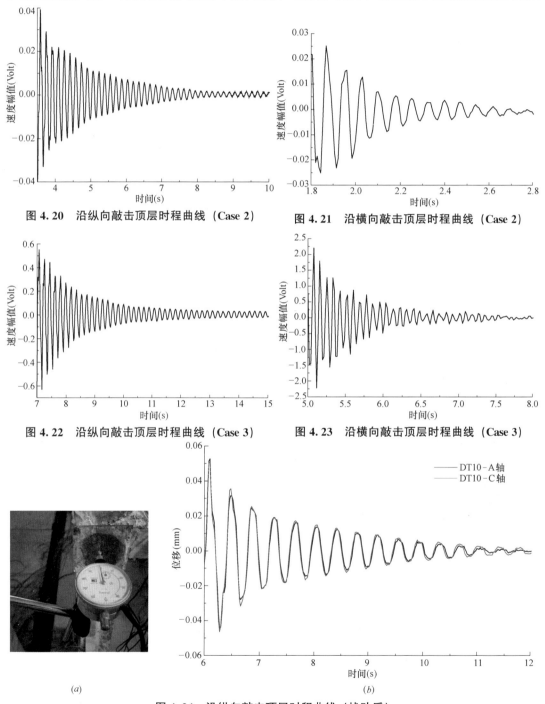

图 4.20　沿纵向敲击顶层时程曲线（Case 2）　　图 4.21　沿横向敲击顶层时程曲线（Case 2）

图 4.22　沿纵向敲击顶层时程曲线（Case 3）　　图 4.23　沿横向敲击顶层时程曲线（Case 3）

(a)　　　　　　　　　　　　　　(b)

图 4.24　沿纵向敲击顶层时程曲线（扰动后）

(a) DT-10 实物图；(b) 位移信号

还显示，模型阻尼比值均在 2% 左右，比建筑抗震设计规范中的阻尼比参考值（5%）要小得多。各工况下获得的模型阻尼比结果汇总于表 4.4 和图 4.25。

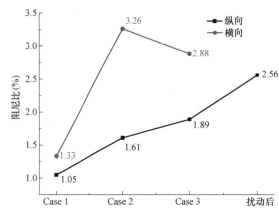

不同工况下框架模型阻尼比测试结果

表 4.4

阶段	阻尼比（%）	
	纵向	横向
Case 1	1.05	1.33
Case 2	1.61	3.26
Case 3	1.89	2.88
扰动后	2.56	—

图 4.25　不同工况下模型阻尼比变化

4.6　敲击测试结果（应变响应）

沿纵向敲击模型顶层后，在底层、二层柱的上、下端部获得了丰富的应变信号。图 4.26 所示为应变测点的实物照片以及敲击后模型各测点应变的概貌。为了保证应变信号的可靠性，在同一测点布置了多道应变片作备份。通过逐一详细检查，各测点的应变幅值和相位都表现正常。标定结果确认拉应变为正，压应变为负。

(a)

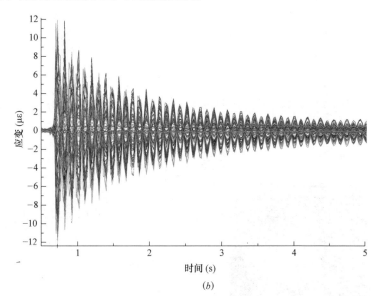

(b)

图 4.26　屋顶敲击各测点应变时程曲线

（a）应变测点局部展示；（b）应变信号

为了分析结构中各柱的内力分配，重点关注了②轴上 A 柱、B 柱和 C 柱的应变信号。该轴上 A 柱和 B 柱有半高填充墙约束，C 柱则没有。图 4.27 为底层 A 柱上、下端的应变信号，该图显示出位于柱同一侧面上、下端的应变信号幅值相当且相位相反，而柱不同侧面上、下端的应变幅值相当且相位相同。其他各柱的应变响应也大致具有这样的特点（见图 4.28～图 4.40）。

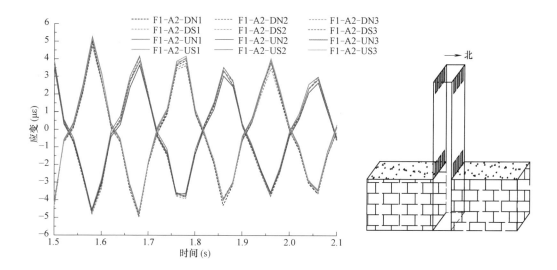

应变测点编号规则：如"F1-A2-DN1"中"F1"代表第"1"层，"A2"为柱编号，"U/D"代表柱上/下端，S/N代表方位南/北，1表示同一测点上的第1道应变片。该命名规则适用于以下各图。

图 4.27 底层 A2 柱各测点应变响应局部放大

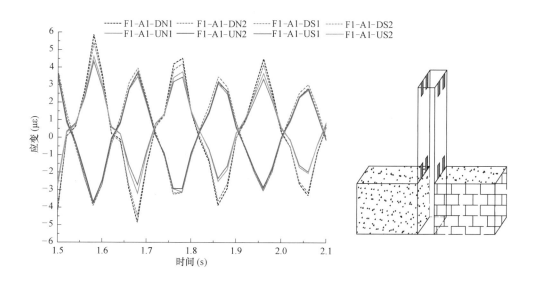

图 4.28 底层 A1 柱各测点应变响应局部放大

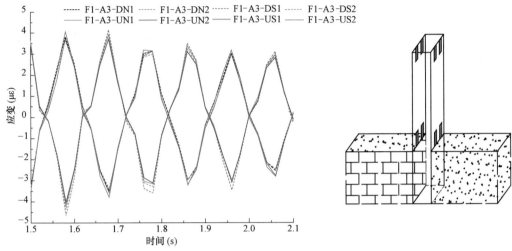

图 4.29　底层 A3 柱各测点应变响应局部放大

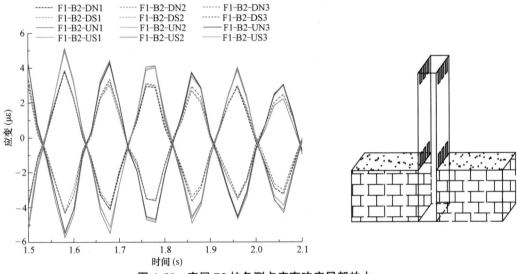

图 4.30　底层 B2 柱各测点应变响应局部放大

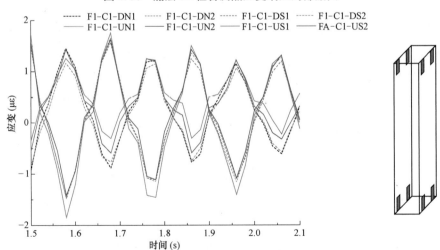

图 4.31　底层 C1 柱各测点应变响应局部放大

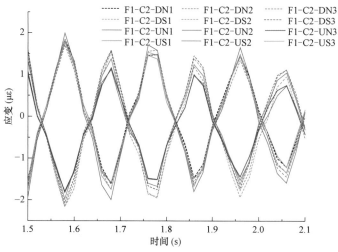
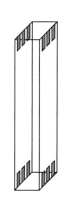

图 4.32 底层 C2 柱各测点应变响应局部放大

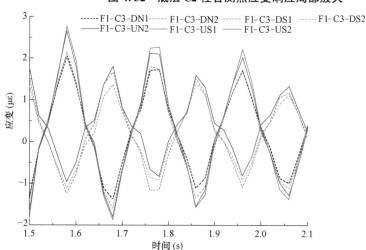
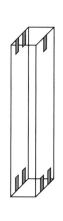

图 4.33 底层 C3 柱各测点应变响应局部放大

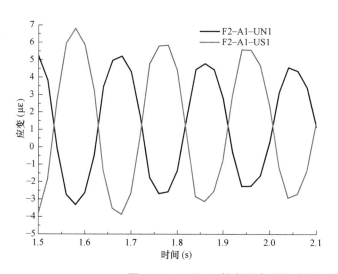
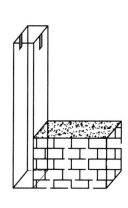

图 4.34 二层 A1 柱各测点应变响应局部放大

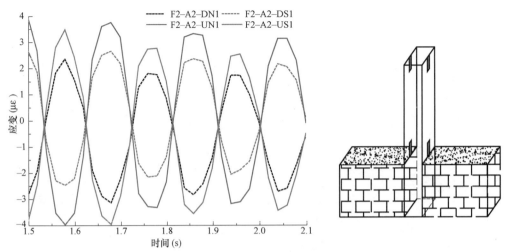

图 4.35　二层 A2 柱各测点应变响应局部放大

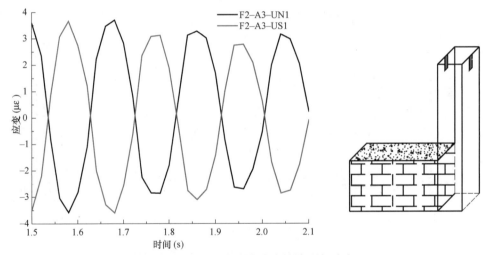

图 4.36　二层 A3 柱各测点应变响应局部放大

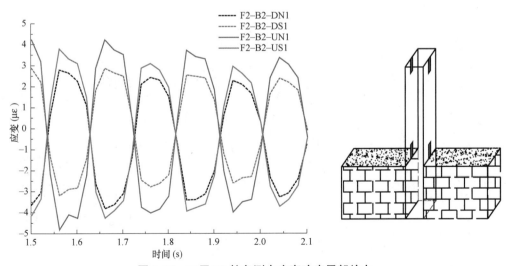

图 4.37　二层 B2 柱各测点应变响应局部放大

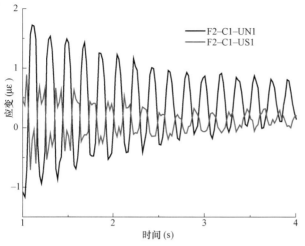
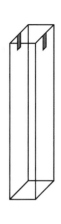

图 4.38 二层 C1 柱各测点应变响应局部放大

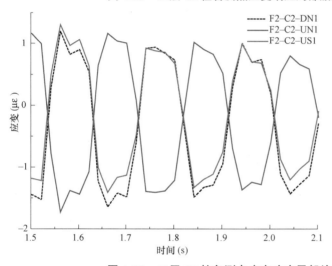

图 4.39 二层 C2 柱各测点应变响应局部放大

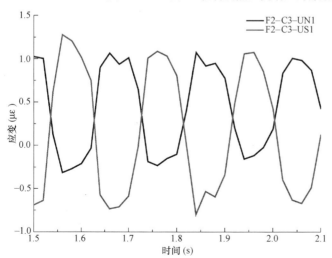

图 4.40 二层 C3 柱各测点应变响应局部放大

　　图 4.41 为底层②轴三个柱上端的应变响应对比。该图显示了 A2 柱和 B2 柱的应变幅值比 C2 柱的大，且 A2 柱和 B2 柱的应变峰值分别是 C2 柱的 2.9 倍和 3.3 倍。这一比值有特别重要的意义，它表明受到半高填充墙约束的柱（A2 柱和 B2 柱）在柱端承受了更多的弯矩。这是因为半高连续填充墙的存在，使作为结构关键构件的各柱内力分配完全改变了，其主要特点是受约束的柱承受了高得多的内力。图 4.42～图 4.46 均表现出同样的应变结果。另外，分别以底层和二层 C2 柱的应变峰值为 1，得到了同一时刻（$t=1.05\sim1.25$s）其他各柱的应变比值立体展示，示于图 4.47 和图 4.48。

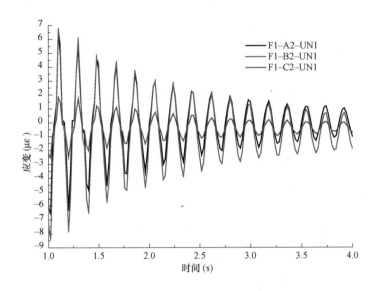

图 4.41　底层 A2/B2/C2 柱顶应变响应对比

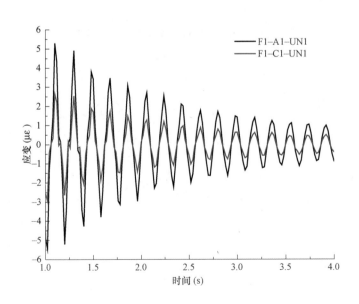

图 4.42　底层 A1/C1 柱顶应变响应对比

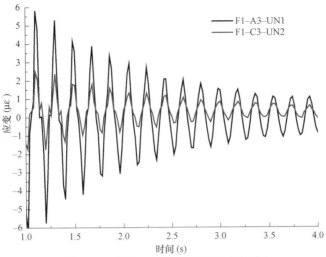

图 4.43　底层 A3/C3 柱顶应变响应对比

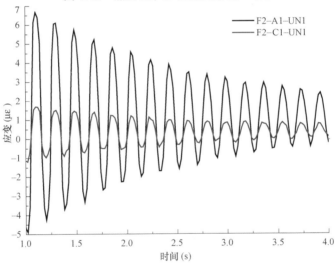

图 4.44　二层 A1/C1 柱顶应变响应对比

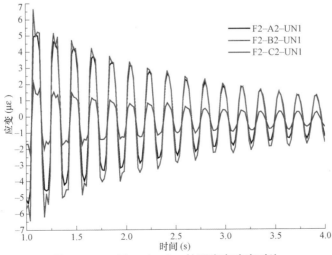

图 4.45　二层 A2/B2/C2 柱顶应变响应对比

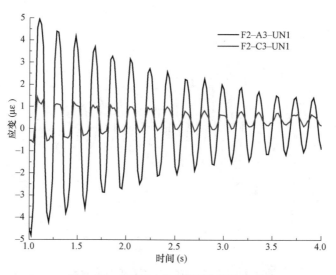

图 4.46　二层 A3/C3 柱顶应变响应对比

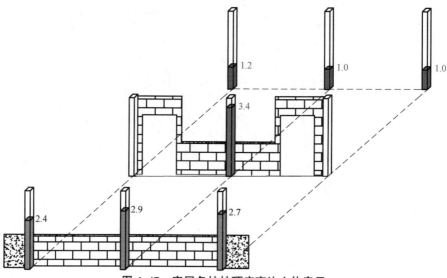

图 4.47　底层各柱柱顶应变比立体表示

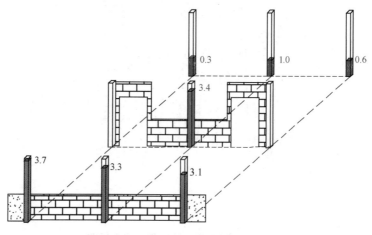

图 4.48　二层各柱柱顶应变比立体表示

另一方面，在线弹性假定条件下（各测点应变值极小），根据应变实测值可计算出敲击测试下不同约束条件柱的剪力分配，计算依据如下。

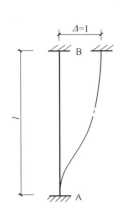

图 4.49 两端固支等截面杆变形模式

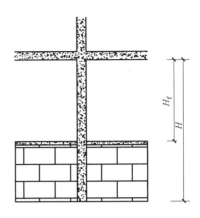

图 4.50 抗约束系数计算简图

由图 4.49 知，当 B 点发生单位位移时，其对应的柱端弯矩 M、柱端剪力 Q 分别是

$$M = \frac{6i}{l} \tag{4.3}$$

$$Q = \frac{12i}{l^2} \tag{4.4}$$

式中，$i = \dfrac{EI}{l}$。

现定义抗约束系数

$$\alpha = \frac{H_f}{H} \tag{4.5}$$

式中，H_f 为柱的自由高度；H 为柱的总高度（见图 4.50）。

由式（4.3）～式（4.5）得图 4.49 所示柱顶弯矩和剪力大小分别为

$$M = \frac{6EI}{H_f^2} = \frac{6EI}{\alpha^2 H^2} \tag{4.6}$$

$$Q = \frac{12EI}{\alpha^3 H^3} \tag{4.7}$$

式中，E 为柱混凝土弹性模量；I 为柱横截面惯性矩。

依据胡克定律，有

$$\varepsilon = \frac{\sigma}{E} \tag{4.8}$$

将 $\sigma = \dfrac{M}{W}$ 代入式（4.8），得

$$\varepsilon = \frac{M}{WE} \tag{4.9}$$

式中，W 为柱抗弯截面系数。

将式（4.6）代入式（4.9），得

$$\varepsilon = \frac{6I}{\alpha^2 H^2 W} \tag{4.10}$$

为了考虑柱自由高度的影响，定义

$$\varepsilon_i = \frac{6I}{\alpha_i^2 H^2 W}, \varepsilon_j = \frac{6I}{\alpha_j^2 H^2 W}$$

和

$$Q_i = \frac{12EI}{\alpha_i^3 H^3}, Q_j = \frac{12EI}{\alpha_j^3 H^3}$$

则有

$$\frac{\varepsilon_i}{\varepsilon_j} = \frac{\alpha_j^2}{\alpha_i^2}, \frac{Q_i}{Q_j} = \frac{\alpha_j^3}{\alpha_i^3}$$

以及

$$\frac{Q_i}{Q_j} = \frac{\varepsilon_i}{\varepsilon_j} \cdot \frac{\alpha_j}{\alpha_i} \tag{4.11}$$

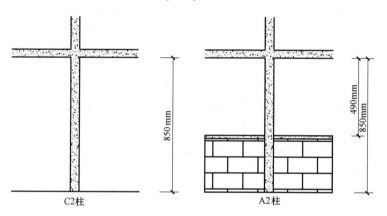

图 4.51 不同约束条件的模型柱示意图

如图 4.51 所示，C2 柱未受到填充墙约束，其自由高度为 $H = 850\text{mm}$；而 A2 柱两侧有半高填充墙约束，其自由高度为 $H_f = 490\text{mm}$，根据式（4.11）可得

$$\frac{Q_{A2}}{Q_{C2}} = \frac{\varepsilon_{A2}}{\varepsilon_{C2}} \cdot \frac{\alpha_{C2}}{\alpha_{A2}} \tag{4.12}$$

其中 $\alpha_{C2} = 1$，$\alpha_{A2} = 0.58$，则

$$\frac{Q_{A2}}{Q_{C2}} = 1.72 \frac{\varepsilon_{A2}}{\varepsilon_{C2}} \tag{4.13}$$

从图 4.41～图 4.46 中读取敲击后某一周期内（$t = 1.05 \sim 1.25\text{s}$）模型各柱上端的应变信号峰值，根据式（4.13）分别计算底层和二层各柱剪力与 C2 柱所承担剪力的比值示于表 4.5 及图 4.52、图 4.53 和图 4.54。计算结果表明：由于半高连续填充墙的存在，极大地改变了同一层中各柱的剪力分配，使得地震剪力向受约束的柱高度集中。这很可能导致内力大的柱先破坏，而内力小的柱未来得及发挥作用就随动失效了。

同一时刻模型各柱剪力比计算结果　　　　表 4.5

时间段	层号	柱编号	应变峰值 ($\mu\varepsilon$)	应变谷值 ($\mu\varepsilon$)	应变峰峰值 ($\mu\varepsilon$)	剪力比 Q/Q_{C2}
$t=1.05s\sim1.25s$	底层	A1	5.36	−5.22	10.58	4.21
		A2	**6.44**	**−6.29**	**12.73**	**5.07**
		A3	5.85	−5.78	11.63	4.63
		B2	**6.82**	**−7.87**	**14.69**	**5.85**
		C1	2.66	−2.62	5.28	1.22
		C2	**1.83**	**−2.5**	**4.33**	**1.00**
		C3	2.46	−1.75	4.21	0.97
	二层	A1	6.69	−4.23	10.92	6.45
		A2	**4.96**	**−4.54**	**9.5**	**5.61**
		A3	4.97	−4.19	9.16	5.41
		B2	**5.04**	**−4.74**	**9.78**	**5.77**
		C1	1.73	0.97	0.76	0.26
		C2	**1.45**	**−1.47**	**2.92**	**1.00**
		C3	1.16	−0.5	1.66	0.57

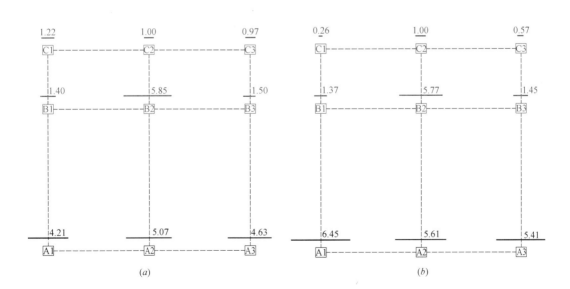

图 4.52　各柱分担剪力平面表示
（a）底层柱剪力分配；（b）二层柱剪力分配

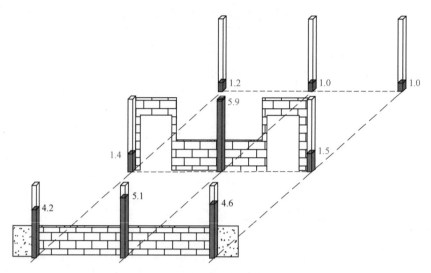

图 4.53   底层各柱分担剪力立体表示

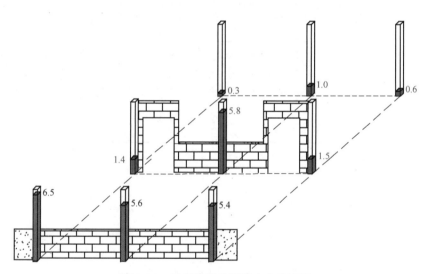

图 4.54   二层各柱分担剪力立体表示

第5章

地震模拟试验

5.1 加载设备

本次试验在防灾科技学院的结构工程实验中心完成。所用的振动台为电液伺服双向振动台（见图 5.1），台面尺寸为 3.0m×3.0m，最大承载重量为 20t，工作频率范围为 0.4～80Hz，最大倾覆力矩为 400kN·m，最大位移为±20cm，最大速度为 80cm/s，满负荷时台面水平双向最大加速度为 2.0g。振动台各项参数列于表 5.1。

(a)   (b)

图 5.1 振动台概貌

(a) 空载状态；(b) 安装模型后

振动台参数   表 5.1

台面尺寸	3.0m×3.0m
振动模式	正弦、随机、(地震波)
频率范围	0.4～80Hz
最大模型载重	20t
抗倾覆力矩	400kN·m
最大加速度	空载:X 向 4.5g,Y 向 3.5g
	满载:X 向 2.0g,Y 向 2.0g
最大速度	X 向:80cm/s,Y 向:70cm/s
最大位移	X 向:±20cm,Y 向:±15cm

5.2　传感器布置

本次试验测试的物理量有加速度、位移和应变。如图 5.2 所示，布设在台面、一层和顶层的加速度和位移传感器获取了结构整体地震响应。在一层和二层各个柱上密集布设了应变片，意图详细考察各柱的地震内力分配和破坏先后顺序。另外，试验中还布设了多道传感器作备份来确保数据信号的可靠性。如图 5.3 所示，941B 动圈式传感器和 LC0405T 压电式传感器在试验中获得的加速度信号是一致的。

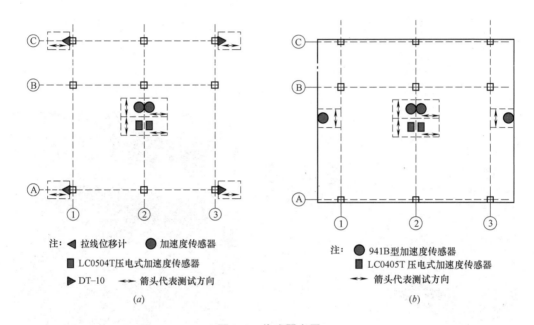

图 5.2　传感器布置

（a）台面与底层；（b）顶层

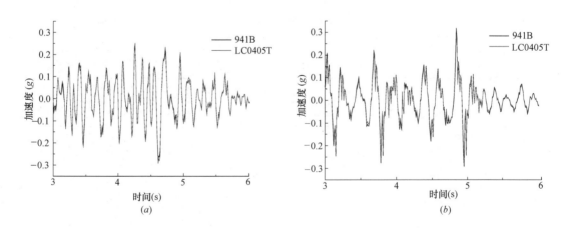

图 5.3　不同规格传感器加速度信号对比（一）

（a）台面纵向；（b）台面横向

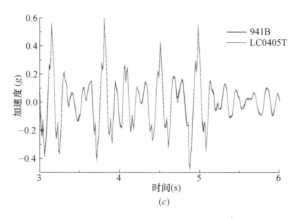

图 5.3 不同规格传感器加速度信号对比（二）

（c）顶层横向

5.3 振动台试验加载工况

为了模拟位于汶川地震震中映秀镇的漩口中学教学楼，本次地震选取了在汶川地震中获得的卧龙台地震记录作为台面输入。南北方向和东西方向的输入与实际记录相一致，台面输入的目标峰值分别调整为 0.3g 和 2.0g。试验加载工况与获得的加速度响应示于表 5.2。

			加载工况与加速度响应		表 5.2

			结构各层响应		
1	卧龙地震波 0.3g	峰值加速度	位置	纵向	横向
			台面	0.28g	0.32g
			顶层	0.32g	0.59g
			结构各层响应		
2	卧龙地震波 2.0g	峰值加速度	位置	纵向	横向
			台面	2.80g	1.34g
			顶层	0.40g	1.13g

5.4 输入 0.3g 时试验结果

图 5.4 为台面纵向输入的加速度时程、傅里叶谱和反应谱，可以看出该记录主要能量集中在 2.0～12.0Hz。图 5.5 为位于顶层的加速度传感器获得的信号，该图显示结构纵向反应卓越频率为 2.0Hz，这表现了结构对基底输入的滤波作用。图 5.6 为台面横向输入加速度信号，此时记录的主要能量集中在 3.0～7.0Hz。图 5.7 为顶层横向加速度反应，从其傅里叶谱看出顶层横向反应与台面输入的谱差别不大，并未表现出与纵向反应类似的滤波效应。这一现象是由横向满砌填充墙对结构约束作用较强，导致结构横向整体刚度偏大引起的。该工况下模型纵、横向台面输入、顶层反应放大倍数以及频率对比汇总于表 5.3。

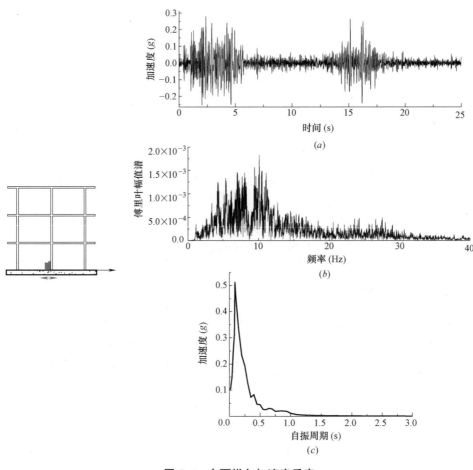

图 5.4　台面纵向加速度反应

（a）加速度时程；（b）傅里叶谱；（c）反应谱

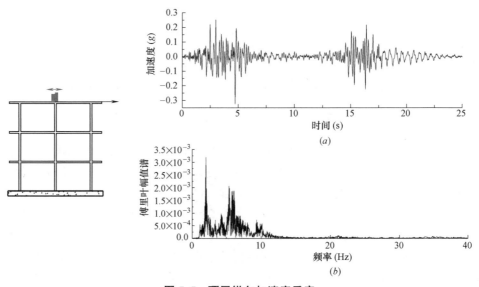

图 5.5　顶层纵向加速度反应

（a）加速度时程；（b）傅里叶谱

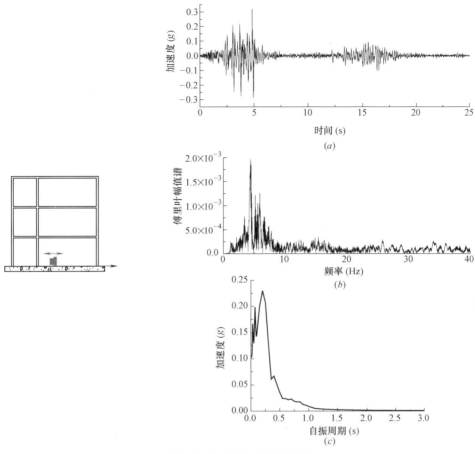

图 5.6 台面横向加速度反应

（a）加速度时程；（b）傅里叶谱；（c）反应谱

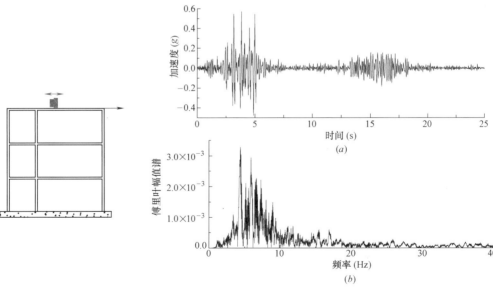

图 5.7 顶层横向加速度反应

（a）加速度时程；（b）傅里叶谱

方向	加速度反应峰值（g）		放大倍数	反应谱卓越频率（Hz）	傅立叶幅值谱卓越频率范围（Hz）	
	台面	顶层			台面	顶层
纵向	0.28	0.32	1.14	10.87	10.13	1.99
横向	0.32	0.59	1.84	5.05	4.39	4.39

表格标题：**模型试验加速度反应**　　　　**表 5.3**

图 5.8 所示为位于顶层①、③轴处的两个加速度传感器获得的信号。该图显示两信号的幅值和相位基本一致，这表明当台面纵、横向输入达到 0.3g 时，结构仍没有发生扭转。

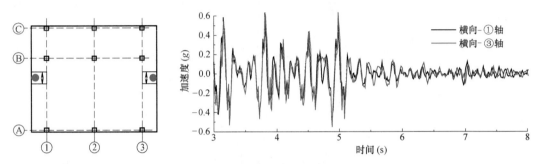

图 5.8　顶层①、③轴横向加速度反应局部放大

同时，为了进一步考察结构的扭转反应，按照图 5.9 布设了两个 DT-10 型位移传感器。经过标定，模型向北侧运动时位移为正。该图显示两个传感器信号完全重合，这再次说明结构在双向地震输入下未发生扭转。

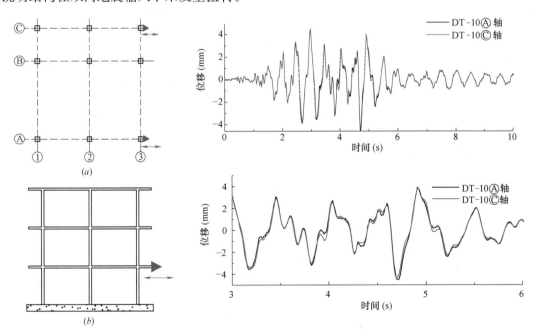

图 5.9　底层 A、C 柱位移响应对比（局部放大）
（a）俯视图；（b）正视图

另外，这一信号记录下的是底层层间相对位移，由于底层ⓒ轴与Ⓐ、Ⓑ轴的柱约束条件不同，底层楼板以平动模式发生纵向移动时，结构底层各柱顶端发生的位移是相同的，然而约束条件不同，柱的层间位移角是不同的，如图 5.10 所示。图中的 4.5mm 是从位移时程中读取的最大值。显然，受到半高连续填充墙约束的柱（如 A2 和 B2 柱），在重力作用下比 C2 柱更容易失效。

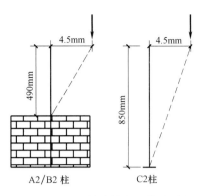

图 5.10 不同约束柱变形模式对比

为了考察底层、二层各柱的地震剪力分配，在各柱上、下端密集布设了应变片，这样做的好处之一是多个备份，便于判断应变测试结果的可靠性。图 5.11 所示为各测点应变的概貌，该图显示出应变最大幅值在 $2100\mu\varepsilon$ 以内。

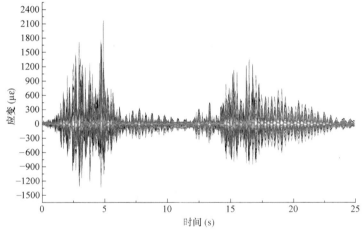

图 5.11 各测点应变时程曲线

我们重点关注同处于②轴，但约束条件不同的 A2、B2 和 C2 柱。图 5.12 为底层三个柱柱顶同侧应变响应对比。为了区分非线性的影响，可以分段对应变响应进行考察。当台

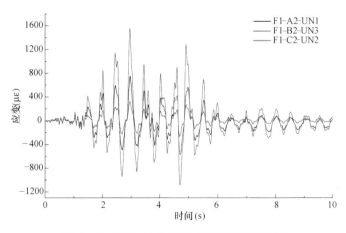

图 5.12 底层 A2/B2/C2 柱顶应变响应对比

面输入从开始增加到 $0.1g$ 时，各柱上端应变的最大值不超过 $60\mu\varepsilon$，此时可以认为结构的响应是线性的（图 5.13）。立方体试块抗压强度试验结果显示模型结构混凝土的强度等级为 C15，其应力应变关系参照图 5.14 中最下面一条曲线。

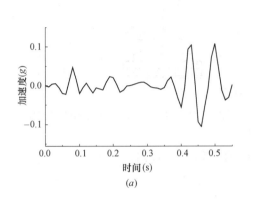

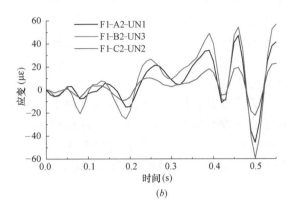

(a)　　　　　　　　　　　　　　　　　(b)

图 5.13　台面输入初始阶段加速度和应变响应

(a) 台面纵向加速度；(b) 底层 A2/B2/C2 柱顶应变

　　按照公式（4.13）算出了各柱的应变比、剪力比，汇总于表 5.4 及图 5.15～图 5.17。由于 C2 柱不受约束，它的应变响应最小。分别以 C2 柱的应变峰值为 1，得到了同一时刻底层和二层其他各柱的应变比值。值得注意的是，底层 B2 柱应变比为 2.72，A2 柱应变比为 2.22，与此相对应，B2 柱分担的剪力比为 4.69 倍，A2 柱分担的剪力比为 3.83 倍。如果将半高填充墙对 B2、A2 柱的约束视为固端约束的话，则它们分担的地震剪力应该是不受约束的 C2 柱所分担剪力的 5.22 倍，实测结果表明约束的程度十分接近固端约束。另外，对①轴和③轴的柱也作了同样的分析，结果显示剪力分担比值有相似的规律。

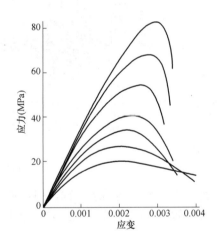

图 5.14　不同强度的混凝土压应力-应变关系

（来源：Nilson A H，Darwin D. Design of concrete structures［M］. McGraw-Hill，1997）

初始阶段各柱剪力比计算结果　　　　　　　　　表 5.4

时间段	层号	柱编号	应变峰值 （$\mu\varepsilon$）	应变谷值 （$\mu\varepsilon$）	应变峰峰值（$\mu\varepsilon$）	应变比 $\varepsilon/\varepsilon_{C2}$	剪力比 Q/Q_{C2}
$t=0\sim0.55s$	底层	A1	26.48	−26.24	52.72	1.26	2.18
		A2	**47.01**	**−45.76**	**92.77**	**2.22**	**3.83**
		A3	24.5	−18.43	42.93	1.03	1.77
		B2	**54.37**	**−59.25**	**113.62**	**2.72**	**4.69**
		C1	20.46	−24.24	44.7	1.07	1.07
		C2	**19.45**	**−22.33**	**41.78**	**1.00**	**1.00**
		C3	35.56	−34.21	69.77	1.67	1.67

续表

时间段	层号	柱编号	应变峰值（$\mu\varepsilon$）	应变谷值（$\mu\varepsilon$）	应变峰峰值（$\mu\varepsilon$）	应变比 $\varepsilon/\varepsilon_{C2}$	剪力比 Q/Q_{C2}
$t=0\sim0.55s$	二层	A1	7.41	−25.57	32.98	2.68	4.62
		A2	**38.7**	**−10.64**	**49.34**	**4.00**	**6.90**
		A3	22.72	−12.93	35.65	2.89	4.99
		B2	**53.46**	**−18.38**	**71.84**	**5.83**	**10.05**
		C1	6.18	−16.71	22.89	1.86	1.86
		C2	**8.27**	**−4.05**	**12.32**	**<u>1.00</u>**	**<u>1.00</u>**
		C3	20.5	−6.8	27.3	2.22	2.22

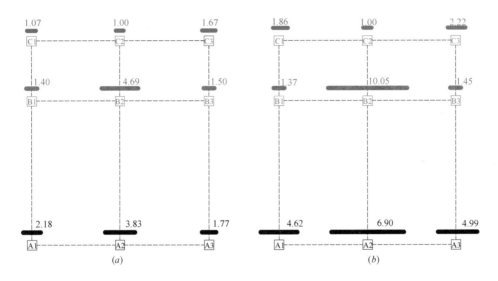

图 5.15　各柱分担剪力平面表示（$t=0\sim0.55s$）

(a) 底层柱；(b) 二层柱

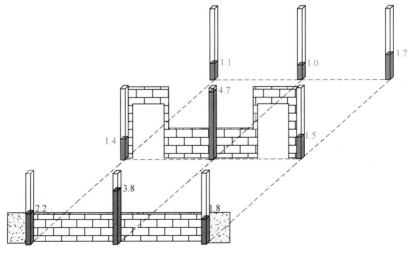

图 5.16　底层各柱分担剪力立体表示（$t=0\sim0.55s$）

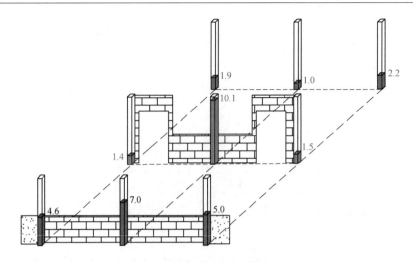

图 5.17　二层各柱分担剪力立体表示（$t=0\sim0.55s$）

綜观应变的全程反应，当 B2 柱顶应变达到 $1556\mu\varepsilon$（拉应变）的最大值时，对应的台面加速度为 $0.2g$（图 5.18）。此时 A2 柱的应变也达到了峰值 $746\mu\varepsilon$，而 C2 柱应变为 $330\mu\varepsilon$。这些应变峰值均取自各柱对应相同的位置，具有可比性。另对图 5.19～图 5.23 所示的其他各柱应变也进行了对比分析，测试结果示于图 5.24～图 5.26 和表 5.5。可见

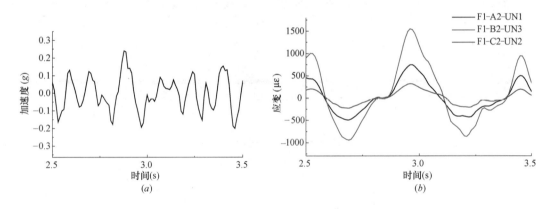

图 5.18　台面输入加速度和应变响应

（a）台面纵向加速度；（b）底层 A2/B2/C2 柱顶应变

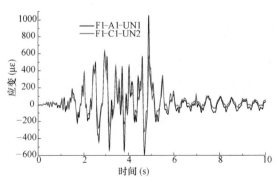

图 5.19　底层 A1/C1 柱顶应变响应对比

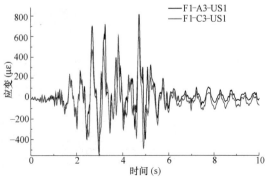

图 5.20　底层 A3/C3 柱顶应变响应对比

受半高填充墙约束的 B2 柱峰值应变为不受约束的 C2 柱的 5 倍。很显然，B2 柱必先在上下端出现塑性铰，而先于 C2 柱破坏。这一事实表明半高填充墙的约束导致地震剪力向少数柱高度凝聚，致使这些柱率先破坏。这与按传统的层屈服机制所确定的地震剪力分配结果截然不同，引出的结构倒塌机理也大相径庭。

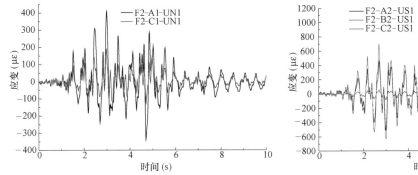

图 5.21 二层 A1/ C1 柱顶应变响应对比   图 5.22 二层 A2/B2/C2 柱顶应变响应对比

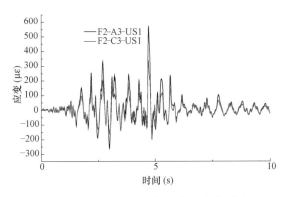

图 5.23 二层 A3/C3 柱顶应变响应对比

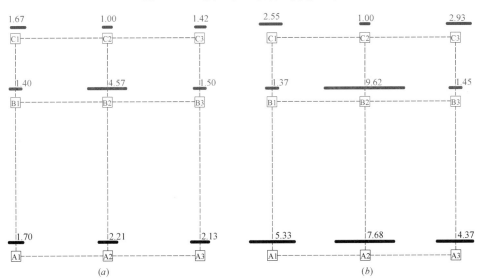

图 5.24 各柱应变比平面表示（$t=2.5\sim3.5s$）

（a）底层柱；（b）二层柱

模型各柱应变比计算结果　　　　　　　　　　　　　　表 5.5

时间段	层号	柱编号	应变峰值 ($\mu\varepsilon$)	应变谷值 ($\mu\varepsilon$)	应变峰峰值 ($\mu\varepsilon$)	应变比 $\varepsilon/\varepsilon_{C2}$
$t=2.5\sim3.5s$	底层	A1	625.75	−271.75	897.50	1.70
		A2	**746.20**	**−421.06**	**1167.26**	**2.21**
		A3	604.86	−519.03	1123.89	2.13
		B2	**1555.68**	**−855.10**	**2410.78**	**4.57**
		C1	638.72	−242.95	881.67	1.67
		C2	**329.89**	**−197.10**	**526.99**	**1.00**
		C3	334.92	−410.80	745.72	1.42
	二层	A1	408.13	−200.11	608.24	5.33
		A2	**371.03**	**−505.69**	**876.72**	**7.68**
		A3	238.15	−260.82	498.97	4.37
		B2	**473.20**	**−625.28**	**1098.48**	**9.62**
		C1	188.34	−102.38	290.72	2.55
		C2	**41.45**	**−72.71**	**114.16**	**1.00**
		C3	172.80	−161.62	334.42	2.93

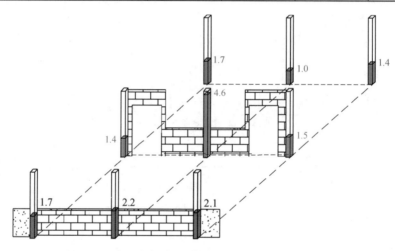

图 5.25　底层各柱应变比立体表示（$t=2.5\sim3.5s$）

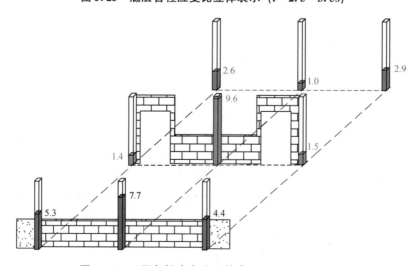

图 5.26　二层各柱应变比立体表示（$t=2.5\sim3.5s$）

5.5　倒塌试验

结构输入 $0.3g$ 地震波后，最不利的底层 A2 柱和 B2 柱外观并没什么异常，承重能力也未见受损。为考察结构倒塌机理，台面输入了如图 5.27 所示的纵向地震记录，测试显示台面纵向加速度峰值为 $2.8g$。图 5.28 所示为结构顶层纵向加速度反应。与台面输入对比第 10s 前后，台面加速度峰值约为 $2.5g$，而顶层响应只有 $0.4g$，其原因是台面输入过大造成结构受损严重，能量不易向上传递。图 5.28 中第 25s 有一个加速度脉冲，可判断这是由结构倒塌引起的。图 5.29 所示为台面输入的横向加速度信号，加速度峰值为 $1.34g$。顶层横向响应示于图 5.30，加速度峰值为 $1.13g$，在第 25s 也出现了由结构倒塌引起的加速度脉冲。

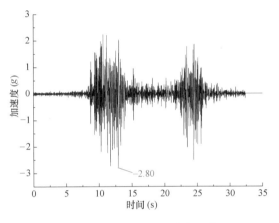

图 5.27　台面纵向加速度反应

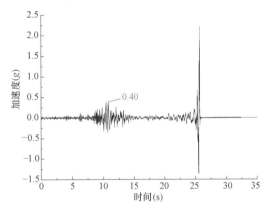

图 5.28　顶层纵向加速度反应

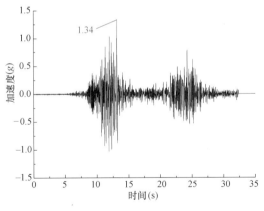

图 5.29　台面横向加速度反应

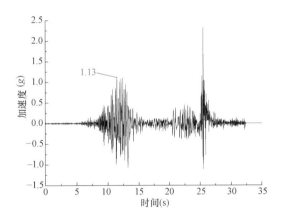

图 5.30　顶层横向加速度反应

图 5.31 所示为结构底层楼板处Ⓐ轴和Ⓒ轴的纵向位移响应。很明显，Ⓐ轴安装位移传感器的节点混凝土在第 12s 时破碎脱落，固定在节点的拉线端部弹回。而此时Ⓒ轴对应节点还大致完整，直到第 24s 结构彻底倒塌时，拉线端部才弹回。从图 5.31 中还可读出结构临近倒塌的第 24s 时，底层层间位移为 36mm，据此可以推测结构底层第②轴线柱的几何形位如图 5.32 所示 。此时，A2 柱、B2 柱的层间位移角为 $1/13$，C2 柱的层间位移

角为 1/23。据此可以将 1/13 视为 RC 框架结构的倒塌时刻层间位移角最大值。

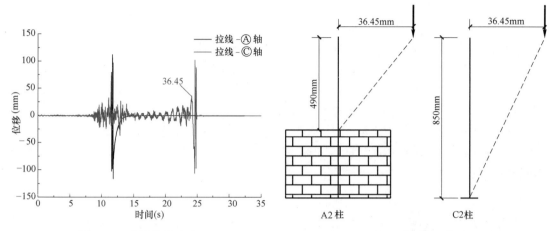

图 5.31　底层位移响应　　　　　　图 5.32　底层第②轴线柱几何形位

图 5.33 所示为三个代表性柱端应变片拉断先后的对比。从图中可以看出，先前承担剪力最大的 B2 柱上的应变片最先拉断，与此同时 A2 柱的应变片也被拉断。间隔 1s 后，C2 柱的应变片也拉断了，并且此时结构发生整体倒塌。这一事实十分清楚地阐明了构件次第破坏的特征，也就是"个个击破"。

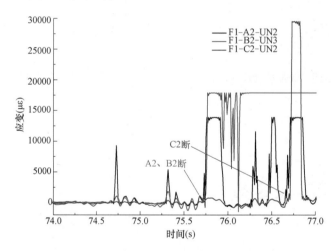

图 5.33　不同约束条件柱柱端应变片拉断先后对比

结构从破坏到倒塌有完整的影像记录，从中截取几个画面示于照片 5.1 和照片 5.2。其中，照片 5.1 显示底层Ⓐ轴的三个柱以及 B2 柱的塑性铰位置与不受半高填充墙约束的柱不同，其柱上端有一个塑性铰，另一个不是在柱的底端，而是在柱中部（墙顶）；塑性铰区混凝土剥落，钢筋屈曲，呈灯笼状，已丧失承重能力，而此时 C2 柱外观尚完整。这一时刻，受约束柱（特别是 B2 柱）承担的上部荷载已经向各自周边的构件转移，极大地增加了其他构件的负担。很快，其他构件也不堪重负，进而结构发生了如照片 5.2 所示的整体倒塌。

由于局部应力或变形集中的出现与否是判断结构倒塌的关键。实际结构的倒塌始于应力或变形集中导致的局部破坏，而重力是倒塌的主导因素，构件的局部破坏引发的局部承重失效不能避免，率先出现局部承重失效后，如果没有承重转移机制，则造成局部塌落，以致倒塌渐次扩展。

(a)

(b)

照片 5.1　不同约束条件柱柱端破坏

(a) 机位①；(b) 机位②

考虑到Ⓐ轴三个柱及 B2 柱受半高填充墙约束，结构沿纵向刚心和质心不重合，按常规分析将发生扭转，如图 5.34（a）所示，这是沿纵向按一维分析所得的结论。事实上，不开洞的横向填充墙与墙端的柱所构成的组合体，其平面内刚度很大，对于阻止扭转发挥很大的作用，如图 5.34（b）所示，按照纵、横向二维分析就很容易理解，尽管有偏心，结构却没有扭转变形。如果考虑到实际结构沿纵向带状布置的情况，像图 5.34（c）那样，有更多的远离形心的横向填充墙，它们对扭转的约束作用将更强。

照片 5.2　模型倒塌时刻

由此可见，填充墙对框架结构的变形模式和内力分配有举足轻重的影响。满砌的横向填充墙既约束了结构的横向变形，也约束了结构的扭转，使得结构各层楼板沿纵向平动，因而纵向内力按照各柱的刚度比例进行分配。受到半高填充墙约束的柱刚度大很多，自然分配到与刚度比例相匹配的内力，如果柱截面和配筋大体相当的话，受力大的柱率先破坏也就不足为奇了。

结构倒塌以后，底层Ⓐ轴各柱概貌如照片 5.3 所示，A1 柱和 A3 柱的细节分别示于照片 5.4 和照片 5.5。将配重和底层柱以外的构件进行清理，把受损的底层柱扶起来，照片 5.6 清晰地展示了Ⓐ轴纵向半高连续填充墙对柱的约束作用，柱中部（墙顶）出现塑性铰，受约束柱的层间位移角大于不受约束的柱，其承重能力将先失效。

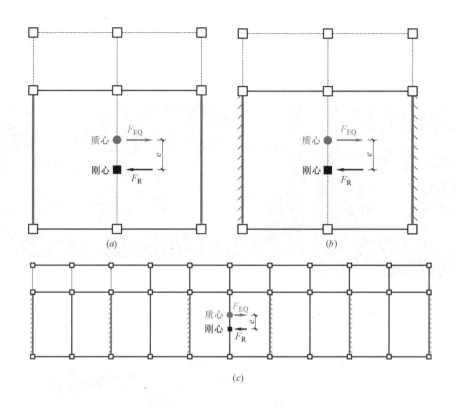

图 5.34　结构扭转效应分析

（a）不考虑横向填充墙的约束；（b）考虑横向填充墙的约束；（c）实际结构中横墙约束作用更强

照片 5.3　底层Ⓐ轴各柱概貌

照片 5.4 底层 A1 柱的细节

照片 5.5 底层 A3 柱的细节

照片 5.6 底层Ⓐ轴柱破坏情况

将全部填充墙清理干净以后，从与照片 5.6 相反的方向可以看到如照片 5.7 所示的样子，分别用红线和黄线标出了横向满砌填充墙和纵向半高填充墙的位置。通过对比可以看出各柱的破坏程度有很大差异。受填充墙约束的柱破损更严重，且有一个塑性铰出现在柱中部；而不受填充墙约束的ⓒ轴三个柱，塑性铰分别位于柱上、下端。照片 5.8 和照片 5.9 分别展示了底层和二层Ⓐ轴、Ⓑ轴、ⓒ轴各柱的受损情况细节。这些照片也同样展示了受半高连续填充墙约束的柱塑性铰位置不在底端，而在柱中（墙顶）。

照片 5.7 底层柱复原后概貌

(a)　　　　　　(b)　　　　　　(c)　　　　　　(d)

照片 5.8 底层各柱破坏情况（一）

(a) A1 柱；(b) A2 柱；(c) A3 柱；(d) B1 柱

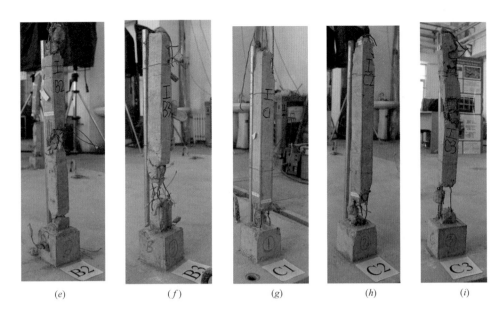

|（e）|（f）|（g）|（h）|（i）|

照片 5.8　底层各柱破坏情况（二）

（e）B2 柱；（f）B3 柱；（g）C1 柱；（h）C2 柱；（i）C3 柱

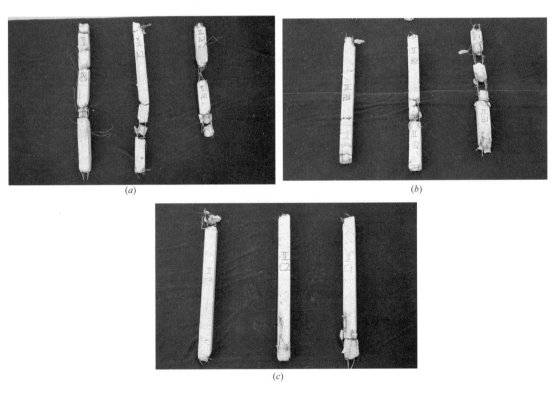

照片 5.9　二层各柱破坏情况

（a）Ⓐ轴柱；（b）Ⓑ轴柱；（c）Ⓒ轴柱

第6章

RC框架结构倒塌临界状态分析

6.1 底层柱内力计算（输入 0.3g）

当台面纵向输入图 5.4 所示的卧龙地震波（0.3g）时，结构顶层的响应如图 5.5 所示。此时加速度的放大倍数仅有 1.52。在频谱图上可以看出，台面输入在 2.0～15.0Hz 频带内能量都很高，而顶层加速度响应的卓越频率仅在两点体现，一个是 2.0Hz，一个是 5.4Hz。这两个频率实际上是结构在 0.3g 这样强度的激励下的固有频率。为了获得底层柱顶标高处的纵向地震剪力，按照图 6.1 所示的线性假定，依据台面和顶层测试的加速度峰值，推测出了底层楼板处和二层楼板处的加速度峰值。

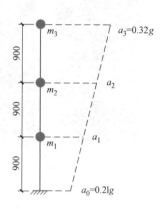

图 6.1　加速度线性计算

底层楼板处加速度峰值：

$$a_1 = 0.21 + \frac{900 \times (0.32 - 0.21)}{3 \times 900} = 0.25g$$

二层楼板处加速度峰值：

$$a_2 = 0.21 + \frac{1800 \times (0.32 - 0.21)}{3 \times 900} = 0.28g$$

将各层的质量与对应的加速度峰值相乘就得到各层的地震惯性力，结果列于表 6.1。各层地震剪力的和 Q 将全部作用于底层柱顶：

$$Q = F_{eq1} + F_{eq2} + F_{eq3} = 43.80\text{kN}$$

模型各层地震惯性力　　　　　　　　　　　　　　　　　　　　　表 6.1

第一层		第二层		第三层	
m_1(kg)	5411	m_2(kg)	5008	m_3(kg)	5108
a_1(m/s²)	2.5	a_2(m/s²)	2.8	a_3(m/s²)	3.2
F_{eq1}(kN)	13.5	F_{eq2}(kN)	14.0	F_{eq3}(kN)	16.3

按弹性假定，如果底层各柱上下端部均为嵌固约束，则每个柱的抗侧刚度为

$$k_i = \frac{12EI_i}{H_i^3} \tag{6.1}$$

式中，H_i 为柱的自由高度；I_i 为柱的截面抗弯模量。

式（6.1）显示柱的抗侧刚度与柱的自由高度的 3 次方成反比，如果柱受填充墙约束，自由高度减少一半的话，其抗侧刚度将达到原来的 8 倍。位于结构底层柱顶和屋面处的位移传感器和加速度传感器给出的信号显示，在地震作用下各层屋面仅沿纵向发生平动，既没有扭转也没有横向运动。这样考察底层柱顶标高处地震剪力的分配时，剪力将按照该层

各柱纵向刚度比例分配。由于各柱约束条件不同，如图 4.51 所示，ⓒ轴的三根柱均不受填充墙约束，而 A2 柱、B2 柱将受到半高连续填充墙的约束。如果假定 C2 柱的刚度为 1.0，分到的剪力也为 1.0 的话，则底层其他各柱的剪力分配经计算结果示于图 6.2。可见，因为有半高连续填充墙的约束，柱的剪力可以达到非约束柱的 5.2 倍。

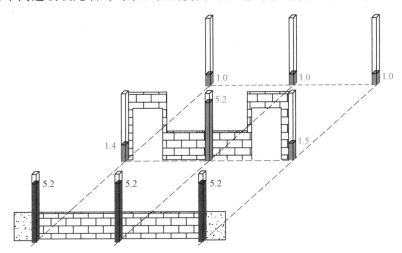

图 6.2 底层各柱分担剪力立体表示

现在剖析 B2 柱的受力情况。底层柱顶标高以上地震总剪力为 43.8kN，则分配到 B2 柱的地震剪力为：

$$Q_{B2} = \frac{5.2}{3 \times 5.2 + 2 \times 1.5 + 5.2 + 3 \times 1.0} \times 43.8 = 8.50 \text{kN}$$

考虑到 B2 柱为中柱，重力引起的柱端弯矩可忽略不计。B2 柱的柱端弯矩（内力）为：

$$M'_{B2} = Q_{B2} \times \frac{H_{B2}}{2} = 8.50 \times \frac{0.49}{2} = 2.08 \text{kN} \cdot \text{m}$$

同理，可求得相同时刻 A2 柱和 C2 柱的柱端弯矩分别为 2.08kN·m 和 0.69kN·m。可见，由于半高连续填充墙的约束，柱端弯矩增加到非约束柱的 3.0 倍。

作为对比，忽略底层填充墙的约束作用，重新计算 B2 柱的受力情况。底层柱顶标高以上地震总剪力仍为 43.8kN，则分配到 B2 柱的地震剪力为：

$$\overline{Q}_{B2} = \frac{1.0}{9 \times 1.0} \times 43.8 = 4.87 \text{kN}$$

则 B2 柱的柱端弯矩为：

$$M^*_{B2} = \overline{Q}_{B2} \times \frac{H_{B2}}{2} = 4.87 \times \frac{0.85}{2} = 2.07 \text{kN} \cdot \text{m}$$

可见，忽略填充墙约束作用以后，B2 柱的地震剪力只有原来的 0.57 倍，但是柱端弯矩几乎相同。这时，A2 柱和 C2 柱所分担的地震剪力以及柱端弯矩和 B2 柱是一样的，没有了地震力凝聚的现象。弯矩差别最大的是 C2 柱，由原来的 0.69kN·m 提高到 2.07kN·m，提高了 3.0 倍。

底层各柱的弯矩和剪力已经确定，尚需确定轴力才能进行承载安全性验算。显然，底层各柱中 B2 柱承担的轴力最大，具体计算如下。

B2 柱承担的轴力：

$$N = \alpha \cdot W \tag{6.2}$$

式中，α 为面积比；W 为竖向荷载，根据表 3.1 计算，取 155.28kN。

现根据大偏心受压构件基本理论计算各柱的承载能力。图 6.3 为极限状态时大偏心受压构件的简化应力分布图。根据平衡条件写出如下平衡方程。

轴向力的平衡方程：

$$N = \alpha_1 f_{cu,a} bx + f'_y A'_s - f_y A_s \tag{6.3}$$

对受拉钢筋 A_s 的截面形心点取矩，得：

$$M = \alpha_1 f_{cu,a} bx \left(h_0 - \frac{x}{2} \right) + f'_y A'_s (h_0 - a'_s) \tag{6.4}$$

式中，$f_{cu,a}$ 为立方体抗压强度平均值，根据表 3.3 取 20.63MPa；考虑到柱端塑性铰区混凝土受到纵筋和箍筋的约束，强度有所提高，所以考虑用强度的真实值代替因可靠度要求的折减值；f_y、f'_y 分别为普通钢筋抗拉、抗压强度设计值，由材料试验确定，取 317MPa；A_s、A'_s 分别为受拉区、受压区纵向普通钢筋的截面面积，本模型柱受拉区、受压区均设置 2 根纵向钢筋，其截面面积为 20.36mm²；α_1 为系数，根据《混凝土结构设计规范》的规定取 1.0；b 为矩形截面的宽度；x 为混凝土受压区高度；h_0 为截面有效高度；a'_s 为受压区纵向普通钢筋合力点至截面受压边缘的距离。

将对称配筋条件 $A_s = A'_s$，$f_y = f'_y$，代入式（6.3）得：

$$N = \alpha_1 f_{cu,a} bx \tag{6.5}$$

由式（6.5）可得：

$$x = N / \alpha_1 f_{cu,a} b \tag{6.6}$$

再将式（6.6）代入式（6.4）即可求出柱端可抵抗的最大弯矩。

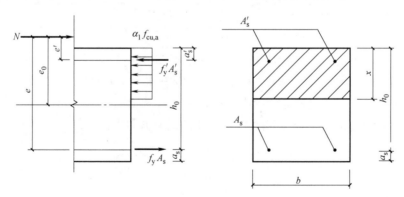

图 6.3　极限状态时大偏心受压构件的简化应力分布图

B2 柱柱端可抵抗最大弯矩（抗力）的计算步骤如下。

图 6.4 为 B2 柱所分担的楼板面积，其面积比为：

$$\alpha_{B2} = \frac{112.5 \times (90 + 37.5)}{291 \times 255} = 0.19$$

将 $\alpha_{B2} = 0.19$ 代入式（6.2）得：

$$N_{B2} = 0.19 \times 155.28 = 29.50 \text{kN}$$

将 N_{B2} 代入式（6.6）得：

$$x_{B2}=\frac{29.50\times10^3}{60\times20.63}=23.8\text{mm}$$

将 $x_{B2}=23.8\text{mm}$ 代入式（6.4），计算此时柱端可抵抗的最大弯矩 M_{B2}：

$$M_{B2}=1.0\times20.63\times60\times23.8\times\left[\left(60-10-\frac{3.6}{2}\right)-\frac{23.8}{2}\right]$$

$$+317\times20.36\times\left[\left(60-10-\frac{3.6}{2}\right)-\left(10+\frac{3.6}{2}\right)\right]=1.30\text{kN}\cdot\text{m}$$

同理，根据式（6.2）～式（6.6）即可求出 A2 柱与 C2 柱的柱端可抵抗的最大弯矩 M_{A2} 和 M_{C2}，具体计算如下。

图 6.5 为 A2 柱所分担的楼板面积，其面积比为：

$$\alpha_{A2}=\frac{112.5\times90}{291\times255}=0.14$$

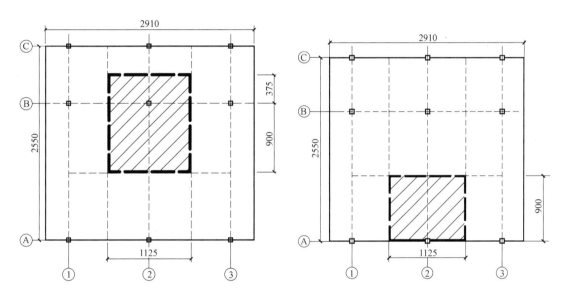

图 6.4　B2 柱面积比计算示意图　　　　图 6.5　A2 柱面积比计算示意图

将 $\alpha_{A2}=0.14$ 代入式（6.2）得：

$$N_{A2}=0.14\times155.28=21.74\text{kN}$$

将 N_{A2} 代入式（6.6）得：

$$x_{A2}=\frac{21.74\times10^3}{60\times20.63}=17.6\text{mm}$$

将 $x_{A2}=17.6\text{mm}$ 代入式（6.4），计算此时截面最大抵抗弯矩 M_{A2}：

$$M_{A2}=1.0\times20.63\times60\times17.6\times\left[\left(60-10-\frac{3.6}{2}\right)-\frac{17.6}{2}\right]$$

$$+317\times20.36\times\left[\left(60-10-\frac{3.6}{2}\right)-\left(10+\frac{3.6}{2}\right)\right]=1.09\text{kN}\cdot\text{m}$$

图 6.6 为 C2 柱所分担的楼板面积，其面积比为：

$$\alpha_{C2}=\frac{112.5\times37.5}{291\times255}=0.06$$

将式 $\alpha_{C2}=0.06$ 代入式（6.2）得：

$$N_{C2}=0.06\times155.28=9.32\text{kN}$$

将 N_{C2} 代入式（6.6）得：

$$x_{C2}=\frac{9.32\times10^3}{60\times20.63}=7.5\text{mm}$$

将 $x_{C2}=7.5\text{mm}$ 代入式（6.4），计算此时截面最大抵抗弯矩 M_{C2}：

$$M_{C2}=1.0\times20.63\times60\times7.5\times\left[\left(60-10-\frac{3.6}{2}\right)-\frac{7.5}{2}\right]$$

$$+317\times20.36\times\left[\left(60-10-\frac{3.6}{2}\right)-\left(10+\frac{3.6}{2}\right)\right]=0.65\text{kN}\cdot\text{m}$$

以上计算结果汇总示于图 6.7。

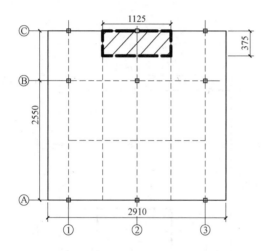

图 6.6 C2 柱面积比计算示意图

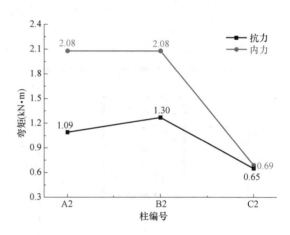

图 6.7 柱端弯矩对比

图 6.7 显示尽管台面输入加速度峰值只有 $0.3g$，但作用到柱端的弯矩已经大于各柱的承载能力，这表明柱端弯矩承载能力的计算还偏于保守，因为此时各柱端宏观上并未发现混凝土剥落、钢筋裸露等破坏现象。图中 C2 柱的抗力最小，其原因是 C2 柱分担的轴力小。

为考察柱端应变响应，将②轴三根柱上端对应位置的信号示于图 6.8，对应时间段的台面加速度信号示于图 6.9，在第 2.96s 时刻 B2 柱的峰值应变为 $1555\mu\varepsilon$，而此时 A2 柱和 C2 柱的应变分别为 $746\mu\varepsilon$ 和 $330\mu\varepsilon$，台面最大加速度峰值为 $0.19g$。这些应变数值反映出柱端混凝土受拉受压均可按平截面假定处理。从应变数值看，填充墙的约束作用十分明显，B2 柱的应变比不受约束的 C2 柱的应变高出 5 倍。

图 6.10 为 B2 柱上端应变布置图，当测点应变达到最值时（$t=2.96\text{s}$）B2 柱上端截面的应力状态计算如下。

由图 6.11 可知，混凝土受拉区 N 点处的应变值为 $\varepsilon_N=1555\mu\varepsilon$，受压区 S 点处的应变值为 $\varepsilon_S=1072\mu\varepsilon$。如果平截面假定成立（图 6.12），则受拉区、受压区钢筋的应变值分别为：

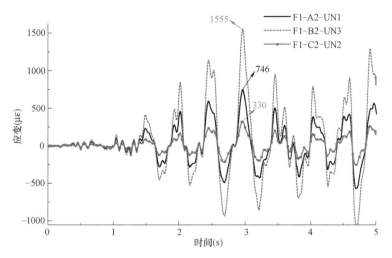

图 6.8 ②轴各柱应变时程（0～5s）

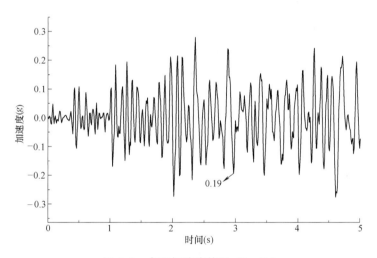

图 6.9 台面加速度信号（0～5s）

$$\varepsilon_s = \frac{1555 \times \left[35.5 - \left(10 + \dfrac{3.6}{2}\right)\right]}{35.5} = 1038\mu\varepsilon$$

$$\varepsilon_s' = \frac{1072 \times \left[24.5 - \left(10 + \dfrac{3.6}{2}\right)\right]}{24.5} = 556\mu\varepsilon$$

胡克定律公式为：

$$\varepsilon = \frac{\sigma}{E} \tag{6.7}$$

式中，E 为弹性模量，根据《混凝土结构设计规范》，钢筋取 $E_s = 2.0 \times 10^5 \, \text{N/mm}^2$，混凝土取 $E_c = 2.2 \times 10^4 \, \text{N/mm}^2$。

将 ε_s、ε_s'、E_s 代入式（6.7）计算受拉区、受压区钢筋的应力分别为：

$$\sigma_s = 2.0 \times 10^5 \times 1038 \times 10^{-6} = 207.60\text{MPa}$$

$$\sigma'_s = 2.0 \times 10^5 \times 556 \times 10^{-6} = 111.20 \text{MPa}$$

将 E_c 代入式（6.7）计算混凝土的压应力：

$$\sigma_c = 2.2 \times 10^4 \times 1072 \times 10^{-6} = 23.58 \text{MPa}$$

σ_c 为截面边缘混凝土压应力。如果忽略混凝土的拉应力，并假定混凝土应力按图 6.13 所示的线性分布，应用式（6.3）所示的轴向力平衡方程，有：

$$N = \frac{1}{2} \alpha_1 \sigma_c b x + \sigma'_s A'_s - \sigma_s A_s \tag{6.8}$$

将 σ_c 代入式（6.8）可得：

$$x = \frac{27.95 \times 10^3 - 111.2 \times 20.36 + 207.6 \times 20.36}{\frac{1}{2} \times 23.58 \times 60} = 42.3 \text{mm}$$

按照图 6.13 所示的应力分布，对受拉钢筋的截面形心点取矩，此时柱端产生的弯矩为：

$$M = \frac{1}{2} \alpha_1 \sigma_c b x \left(h_0 - \frac{x}{3} \right) + \sigma'_s A'_s (h_0 - a'_s) \tag{6.9}$$

将 $x = 42.3 \text{mm}$ 代入式（6.9），则 B2 柱上端的弯矩 $M_{\text{B2-U}}$：

$$
\begin{aligned}
M_{\text{B2-U}} &= \frac{1}{2} \times 23.58 \times 60 \times 42.3 \times \left[\left(60 - 10 - \frac{3.6}{2} \right) - \frac{42.3}{3} \right] \\
&+ 111.2 \times 20.36 \times \left[\left(60 - 10 - \frac{3.6}{2} \right) - \left(10 + \frac{3.6}{2} \right) \right] = 1.10 \text{kN} \cdot \text{m}
\end{aligned}
$$

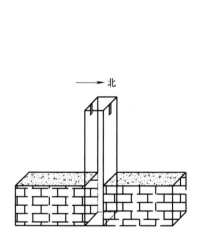

图 6.10　B2 柱上端应变布置图

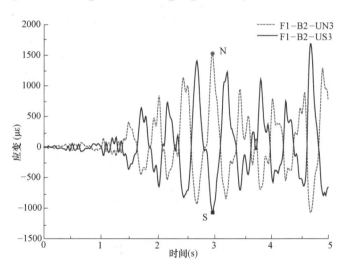

图 6.11　B2 柱上端应变时程信号

图 6.14 为 B2 柱下端应变位置图，6 个应变片中有 5 片拉断，仅剩 1 片，信号如图 6.15。在 $t = 0.96 \text{s}$ 时，应变峰值为 $-681 \mu \varepsilon$，只有上端应变峰值的 44%，这一数值偏小，不足以作为依据去计算截面应力状态。

如果假定 $t = 0.96 \text{s}$ 时刻 B2 柱下端弯矩与上端相同，则此时 B2 柱所受的剪力：

$$Q_{\text{B2}} = \frac{2 \times |M_{\text{B2-U}}|}{H} = \frac{2 \times 1.1 \times 10^3}{490} = 4.49 \text{kN}$$

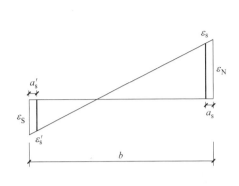

图 6.12 平截面假定

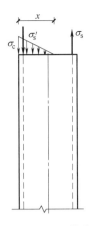

图 6.13 B2 柱上端的应力分布

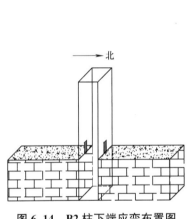

图 6.14 B2 柱下端应变布置图

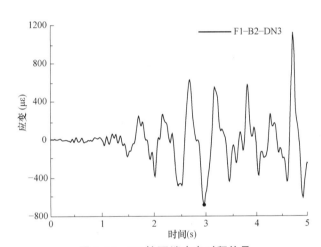

图 6.15 B2 柱下端应变时程信号

这一数值比按照层间剪力计算并按刚度比例分配的剪力值（8.50kN）要小得多，这是因为 B2 柱柱端受损较严重，已经不能再按照线弹性理论进行计算。

6.2 结构倒塌临界方程的推导

绝大多数框架结构的倒塌都呈现出"弱柱强梁"的形式，即同一层的柱上下端均出现塑性铰，结构出现侧移。在倒塌的前一时刻（临界倒塌状态），考察其荷载和抗力的详细构成，对于理解倒塌过程、评价结构最大层间位移角都十分必要。

下面以 B2 柱为例，结构倒塌临界状态如图 6.16 所示。柱上下端受到的轴向力的合力等于该柱按照其分担面积计算出的轴力 N。

该图中 1-1 截面的轴力：

$$N = \alpha_1 f_{\mathrm{cu,a}} bx + f_y' A_s' - f_y A_s \tag{6.10}$$

对图 6.17 中 G 点取矩，可得：

$$\alpha_1 f_{\mathrm{cu,a}} bx \left(h_0 - \frac{x}{2} \right) + f_y' A_s' (h_0 - a_s') + A_s f_y (\Delta + h_0 - a_s')$$

$$= A_s' f_y' \Delta + \alpha_1 f_{\mathrm{cu,a}} bx \left(\Delta - a_s' + \frac{x}{2} \right) \tag{6.11}$$

式中，Δ 为底层层间位移。

式（6.10）、式（6.11）就是框架结构倒塌临界方程的一般形式。这两个方程中有几个关键的变量，分别是受压区高度 x、层间位移 Δ 以及轴力 N。显然，如果轴力很大，则受压区高度就大，这对截面抗弯承载是有利的；但是，如果 Δ 不变，轴力增大，那么 $P\text{-}\Delta$ 效应就大，柱更容易失效。这些变量的取值与柱混凝土强度、截面尺寸、纵向配筋都有密切关系。

将对称配筋条件 $A_s = A'_s$，$f_y = f'_y$，代入式（6.10）得：

$$x = \frac{N}{\alpha_1 f_{cu,a} b} \tag{6.12}$$

将式（6.11）合并同类项得：

$$\Delta = \frac{2A'_s f'_y (h_0 - a'_s)}{\alpha_1 f_{cu,a} bx} + (b - x) \tag{6.13}$$

式（6.12）、式（6.13）是适用于 B2 柱的结构倒塌临界方程。现以 B2 的各项几何和物理参数代入式（6.12）、式（6.13）进行计算。

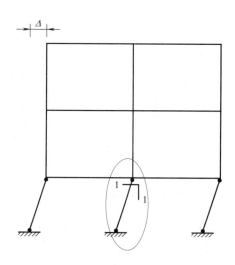

图 6.16 临界倒塌时刻示意

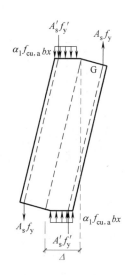

图 6.17 结构倒塌临界状态下的受力简图

B2 柱的最大层间位移角计算如下。

由 6.1 节可知 B2 柱承担的轴力为 $N_{B2} = 29.5 \text{kN}$，将其代入式（6.12），得到混凝土受压区高度为 $x_{B2} = 23.8 \text{mm}$。

将 x_{B2} 代入式（6.13），得到 B2 柱层间位移：

$$\Delta_{B2} = \frac{2 \times 20.36 \times 317 \times \left[\left(60 - 10 - \frac{3.6}{2}\right) - \left(10 + \frac{3.6}{2}\right)\right]}{1.0 \times 20.63 \times 60 \times 23.8} + (60 - 23.8) = 52.1 \text{mm}$$

则 B2 柱对应的层间位移角为：

$$\theta_{B2} = \frac{52.1}{490} \approx 1/9$$

θ_{B2} 为 B2 柱处于倒塌临界状态下的层间位移角，也是 B2 柱所能够承受的最大层间位移角，这一计算值与实验中倒塌临界状态的实测值（1/13）以及前人的多次实验结果是一致的。

当倒塌临界方程应用于 A2 柱时，混凝土受压区高度为 $x_{A2} = 17.6\text{mm}$。

将 x_{A2} 代入式（6.13）得到 A2 柱层间位移：

$$\Delta_{A2} = \frac{2 \times 20.36 \times 317 \times \left[\left(60 - 10 - \frac{3.6}{2}\right) - \left(10 + \frac{3.6}{2}\right)\right]}{1.0 \times 20.63 \times 60 \times 17.6} + (60 - 17.6) = 64.0\text{mm}$$

则 A2 柱对应的层间位移角为：

$$\theta_{A2} = \frac{64.0}{490} \approx 1/8$$

当倒塌临界方程应用于 C2 柱时，混凝土受压区高度为 $x_{C2} = 7.5\text{mm}$。

同理，得到 C2 柱层间位移：

$$\Delta_{C2} = \frac{2 \times 20.36 \times 317 \times \left[\left(60 - 10 - \frac{3.6}{2}\right) - \left(10 + \frac{3.6}{2}\right)\right]}{20.63 \times 60 \times 7.5} + (60 - 7.5) = 103.1\text{mm}$$

则 C2 柱对应的层间位移角为：

$$\theta_{C2} = \frac{103.1}{850} \approx 1/8$$

由倒塌临界方程求得的不同约束柱在临近倒塌时刻的层间位移角汇总于表 6.2。

不同约束柱倒塌临界时刻层间位移角　　　　　　　　　　　　　表 6.2

θ_{A2}	θ_{B2}	θ_{C2}
1/8	1/9	1/8

表 6.2 所示的计算结果表明，虽然三个柱的约束条件有差异，但其倒塌临界层间位移角大致相等，而受到半高连续填充墙约束的柱接近临界层间位移角时，不受约束的柱的层间位移仅有临界层间位移角的 1/2 左右。这又一次为受半高连续填充墙约束的柱率先承重失效提供了注解。

第7章

"强柱弱梁"问题的探讨

为了避免倒塌，框架结构设计遵循"强柱弱梁"原则，期望通过人为地增加柱抗弯承载力来实现梁端出现塑性铰。如图7.1所示，如果没有填充墙，并且楼板对梁的约束作用有限的情况下，"强柱弱梁"屈服机制是可以实现的。然而，实际框架结构都不可避免地要有满砌或部分砌筑的填充墙，如图7.2所示为常见的窗下填充墙，这时梁上填充墙对梁有很强的约束作用，梁的两端难以形成塑性铰，如图7.3所示，柱上端的梁、墙组合体相当于给柱上端提供一个固端约束条件，这样柱端出现塑性铰是很自然的。这就是为什么难以实现"强柱弱梁"的根本原因。

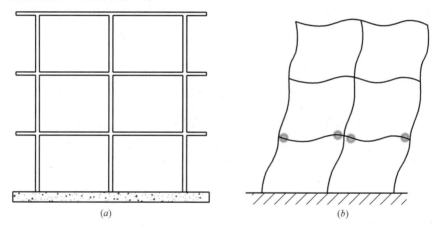

(a)   (b)

图7.1 空旷框架的梁铰机制

(a) 空旷框架模型；(b) 变形模式

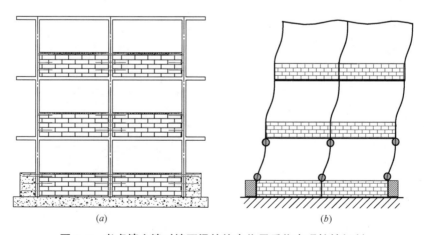

(a)   (b)

图7.2 考虑填充墙对墙下梁的约束作用后将出现柱铰机制

(a) 设填充墙的框架模型；(b) 变形模式

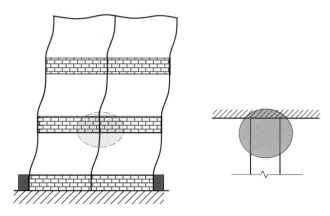

图 7.3 梁上填充墙对梁和柱上端的约束作用

7.1 实验模型

为了验证梁上填充墙的约束作用，专门设计了一个模拟单面外走廊框架教学楼的三层钢筋混凝土框架模型。结构模型平面布置如图 7.4 所示。结构横向各层①、③轴均设置满砌填充墙，如图 7.5 所示。在①～③和Ⓐ～Ⓑ间形成一间两开间教室，Ⓑ～Ⓒ间为外走廊。对于本模型，仅一层和二层Ⓐ轴、Ⓑ轴的梁存在梁上墙的约束，图 7.4 中有阴影线的部分为填充墙。图 7.6 展示了Ⓐ轴窗下墙的详细构造。按照实际工程的做法，墙顶设置了钢筋混凝土压顶。图 7.7 所示为教室前后门之间窗下墙的构造。图 7.8 所示的Ⓒ轴服务于外走廊，所以没有填充墙。图 7.9 所示为楼板和梁的构造。结构每层 9 根柱，截面均为 $60mm \times 60mm$，配 4Φ6 钢筋，如图 7.10 所示。模型结构柱、梁、楼板浇筑完成后示于照片 7.1。这时任何填充墙均未砌筑，结构宏观上空旷、柔弱，但这一状态与商业软件建立的结构分析模型是一致的，此时是可能实现"强柱弱梁"屈服机制的。但纵横向填充墙

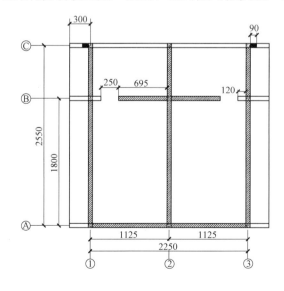

图 7.4 二层平面图

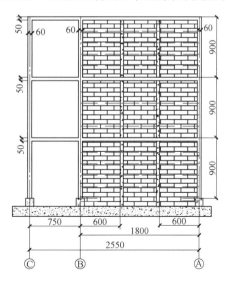

图 7.5 ①③轴立面图

砌筑后达到照片 7.2 的效果，此时结构纵横向固有频率显著提高。照片 7.3 显示底层 A2 柱及其上半高填充墙，这一段带压顶的半高填充墙对墙下的梁必然会有显著的约束作用。为了摸清半高填充墙对梁的影响，在填充墙上沿竖向布设了两列应变片。照片 7.4 显示了 C2 柱没有填充墙约束，而 B2 柱同 A2 柱类似也有半高填充墙约束，位于二层约束 A2 柱、B2 柱的半高填充墙同样也约束墙下的梁。同样二层 B2 柱下端的填充墙上也布设了两列应变片，如照片 7.5 所示。

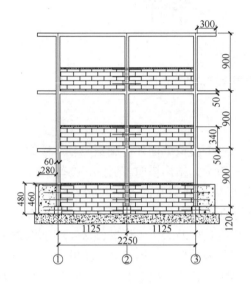

图 7.6　Ⓐ轴立面图

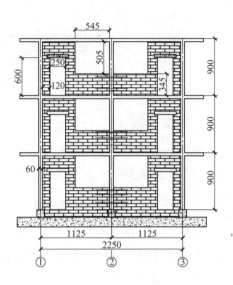

图 7.7　Ⓑ轴立面图

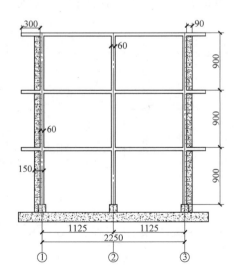

图 7.8　Ⓒ轴立面图

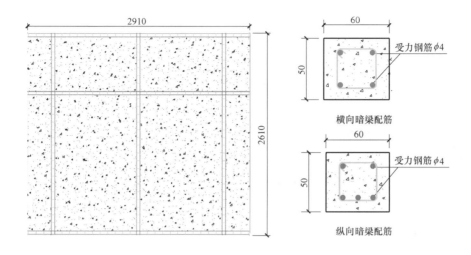

图 7.9 板中暗梁位置与配筋图

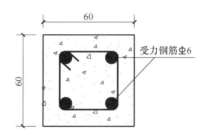

图 7.10 柱配筋图

照片 7.1 模型柱、梁和楼板浇筑完成后

照片 7.2 纵横向填充墙砌筑后

照片 7.3 底层 A2 柱及其上端梁上填充墙

照片 7.4 底层 C2 柱、B2 柱

照片 7.5 二层 B2 柱及柱下填充墙

7.2 地震输入及结构响应

将卧龙地震波峰值调整到 $0.2g$ 后输入给模型结构。图 7.11 为台面纵向输入,图 7.12 为台面横向输入。在第一层楼板标高处Ⓐ轴、Ⓒ轴纵向布设高精度位移传感器 DT-10,测试结果如图 7.13 所示。由于Ⓐ轴和Ⓒ轴位移重合,足以证明楼板仅纵向平动,没有转动。

图 7.14 为模型结构顶层纵向加速度响应,加速度最大峰值为 $0.33g$,相比台面的 $0.18g$,放大了 1.8 倍。图 7.15 为模型结构顶层横向加速度响应,加速度最大峰值为 $0.24g$,与台面相比放大了 1.5 倍。图 7.14 与图 7.15 相比,明显可看出图 7.15 包含更多

的高频分量。这是因为有满砌横向填充墙的约束，模型结构横向基频远高于纵向基频的缘故。

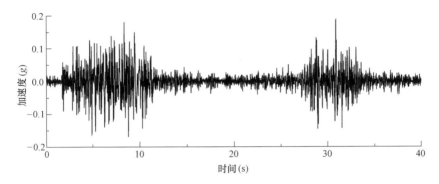

图 7.11　从台面给模型结构输入的纵向地震动

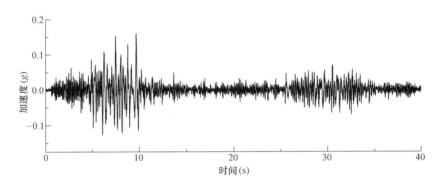

图 7.12　从台面给模型结构输入的横向地震动

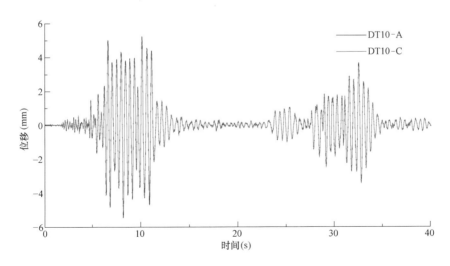

图 7.13　一层楼面标高处Ⓐ轴与Ⓒ轴纵向位移响应

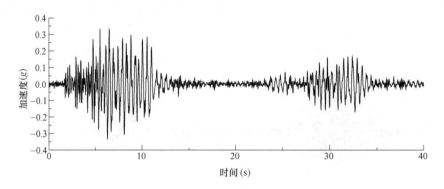

图 7.14 模型结构顶层纵向加速度响应

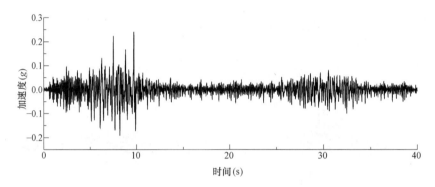

图 7.15 模型结构顶层横向加速度响应

图 7.16（a）画出了 A2 柱第一层及第二层的受约束段，相应的填充墙也一并示出。台面输入地震波时 A2 柱上端应变片测试得到的结果如图 7.16（b）所示。应变图显示在第 4.6s 时 A2 柱上端受拉应变达到 $800\mu\varepsilon$，到第 5.0s 以后应变片就断了。

图 7.16（c）中两条实线为填充墙水平向拉压应变，在 4.6s 时墙的受拉应变达到 $60\mu\varepsilon$。图中虚线是缩小 8 倍的 A2 柱上端应变，这表明，墙的应变与柱上端的应变是同步的，填充墙与柱、梁共同形成一个组合体，成为不可忽略的受力构件。与不考虑填充墙相比，当梁上空旷时，梁端受弯截面惯性矩与梁截面高度 H 的三次方成正比，如果考虑梁上填充墙与梁组合后共同受弯，那么这时"梁端"等效截面惯性矩可就高出若干倍了，"梁"不再是"弱梁"，梁端自然不会出现塑性铰了。

图 7.17（a）所示为 B2 柱位于第一层和第二层的受约束段及对应的填充墙，柱上端的应变信号示于图 7.17（b）。在第 4.6s 时柱上端应变达到 $500\mu\varepsilon$，与 A2 柱对应测点相位一致，只是幅值小一些，A2 柱对应的应变为 $800\mu\varepsilon$。图 7.17（c）显示该处梁上填充墙水平拉压应变（红色实线）比约束 A2 柱的填充墙应变幅值大得多，达到 $190\mu\varepsilon$。图中虚线为对应的 B2 柱上端竖向应变，此时柱竖向应变与填充墙水平应变是反向的。幅值大且反向的原因在于该处填充墙应变测点靠近墙顶，离梁、墙组合体的中性轴更远了，所以幅值大，且反向。

上述测试数据完全证实了纵向梁上填充墙的两个作用。其一是约束柱的变形，使柱纵向刚度显著增大；其二是填充墙与梁形成组合体，使"弱梁"不弱，阻止了梁端塑性铰的

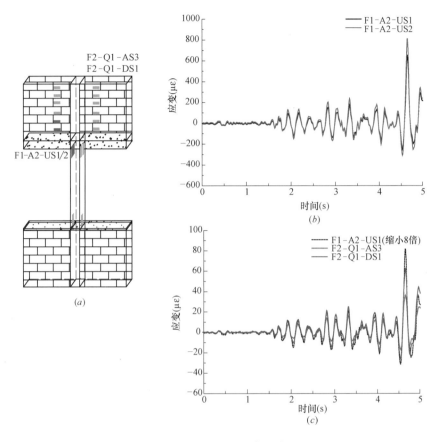

图 7.16　底层 A2 柱与梁上填充墙应变响应

（*a*）A2 柱及梁上墙应变测点布置；（*b*）一层 A2 柱应变时程曲线；

（*c*）柱端应变与梁上填充墙应变的关系

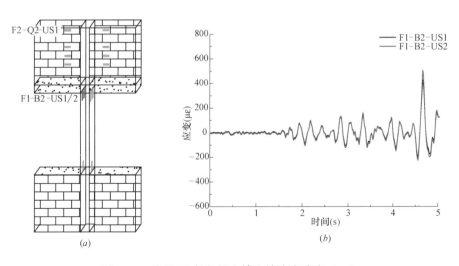

图 7.17　底层 B2 柱与梁上填充墙应变响应（一）

（*a*）B2 柱及梁上墙应变测点布置；（*b*）一层 B2 柱应变时程曲线

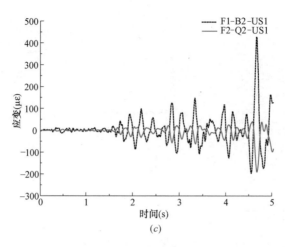

（c）

图 7.17　底层 B2 柱与梁上填充墙应变响应（二）

（c）柱端应变与梁上填充墙应变的关系

形成。其结果显然是各层柱上端变得相对薄弱，结构纵向形成柱端塑性铰成为必然。实际上考虑梁上填充墙的约束作用后，框架结构在纵向的受力、变形必然像图 7.18 一样，成为典型的"弱柱强梁"模型。

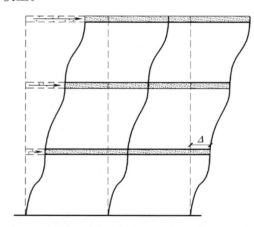

图 7.18　考虑梁上墙约束作用后的"弱柱强梁"模型

第8章

实际震害剖析

前文试验和分析表明：半高填充墙导致纵向地震剪力向少数柱高度凝聚，以致出现次第破坏而倒塌。我们现在来考察一下，如果消除了半高填充墙引起的地震剪力凝聚现象，框架结构能否经历强震而不倒。另一方面，即使有半高填充墙的约束，但沿纵向中心轴大致对称，也不至于造成"凝震聚力"的现象。这里选取 2008 年汶川地震中两个极震区（映秀和北川）的部分框架建筑来说明问题。两个极震区均为 11 度，烈度划定除依据建筑物倒塌、破损程度外，还应参考强震记录。汶川地震中峰值最大的强震记录是在距震中映秀 17km 的卧龙台得到的，图 8.1（a）～（d）分别为该记录南北方向、东西方向、上下方向及各方向震动的归一化反应谱。其中东西方向最大峰值为 0.96g。从反应谱图可以看出，卧龙波短周期成分突出，主要能量都在 0.5s 以下。北川县城尽管没有强震记录，但

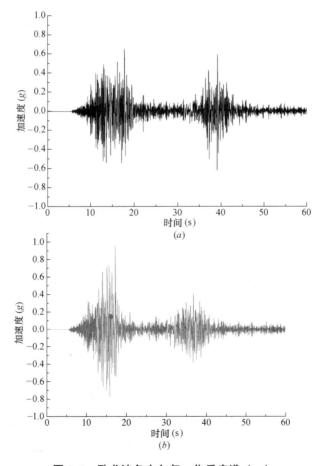

图 8.1 卧龙波各方向归一化反应谱（一）

（a）卧龙波南北方向时程曲线；（b）卧龙波东西方向时程曲线

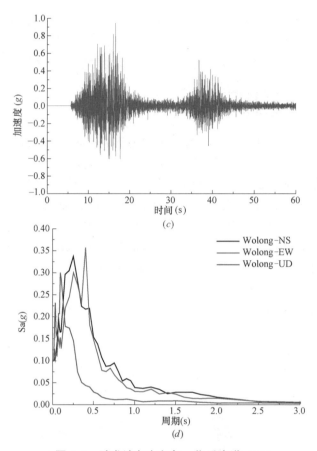

图 8.1　卧龙波各方向归一化反应谱（二）

（c）卧龙波上下方向时程曲线；（d）反应谱

有几处震害现象足以表现出地震动强度超过 $1.0g$。如照片 8.1 所示，北川县公安局院内停放在地面的轿车被抛起，然后撞到篮球架上，车顶钣金被撞的凹痕深度超过 20cm，刚体被抛起，所受到的加速度必然超过 $1.0g$。

照片 8.1　北川公安局院内轿车被抛起撞到篮球架上

8.1 北川消防支队 RC 框架结构

图 8.2（*a*）所示为位于北川县公安局院内的消防支队办公楼，这是一个四层的框架

（*a*）

（*b*）

（*c*）

（*d*）

（*e*）

图 8.2 北川消防支队办公楼

（*a*）北川消防支队四层框架；（*b*）ⓒ轴半高连续填充墙；（*c*）ⓒ轴柱的
损伤状态；（*d*）Ⓐ轴和Ⓑ轴各柱损伤状态；（*e*）底层平面图

结构，图 8.2（b）所示为位于其底层ⓒ轴的半高连续填充墙，图 8.2（c）显示出有半高连续填充墙约束的ⓒ轴柱破坏很严重，而图 8.2（d）所显示的是没有半高连续填充墙约束的柱破坏相对轻微。图 8.2（e）是该结构底层平面图。由于该结构只有四层，总地震剪力有限，而且各柱截面较大，震后尽管破坏严重但没有倒塌，这也就提供了一个研究破坏机理的机会。现场调查显示，该结构底层沿纵向倾斜（偏向①轴），整体没有扭转，并且ⓒ轴柱破坏比Ⓐ轴和Ⓑ轴严重得多。这些表现与模型实验揭示的结果十分吻合。

8.2 北川盐务局宿舍

图 8.3（a）为震后的北川盐务局宿舍，这是一栋"一托六"的底框架结构。尽管柱、梁、墙等构件均有明显损伤，但结构整体不歪不斜，不会威胁生命安全。承受最大剪力的底层是框架结构，与其他框架不同的是，在纵横向对称轴上和四角布设了落地剪力墙。图 8.3（b）为位于中心的纵向剪力墙，该墙抹灰掉落处有明显的交叉斜裂缝，这是其承担剪

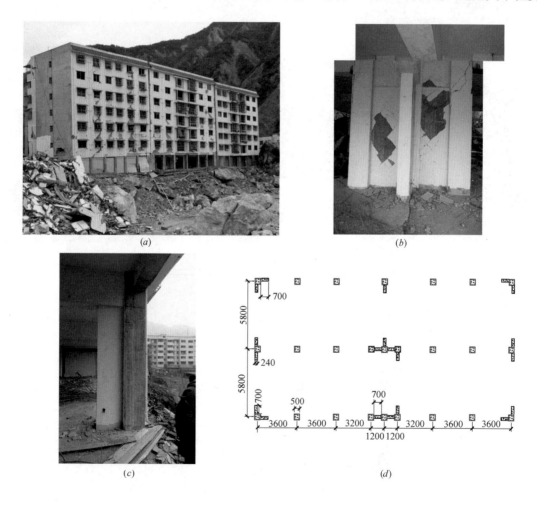

（a）

（b）

（c）

（d）

图 8.3 北川盐务局宿舍

（a）北川盐务局宿舍震后概貌；（b）底层沿纵向布置落地剪力墙；

（c）底层沿横向布置落地剪力墙；（d）底层柱和落地剪力墙平面布置

力作用的结果。图 8.3（c）为布置于横向对称轴端部的一段剪力墙，该墙段没有任何裂缝，主要原因是该结构在左右两端采用满砌填充墙，大大增加了横向刚度。图 8.3（d）为现场测绘得到的该结构底层柱和落地剪力墙的平面布置，剪力墙的净截面积占该层柱净截面积的 80%。落地剪力墙不但辅助承担竖向荷载，当有地震作用时更是发挥主力作用。

8.3 映秀电力仓库

映秀电力仓库位于震中映秀，这是一栋四层钢筋混凝土框架结构，由九榀两跨框架组成。结构正面底层设卷帘门，没有填充墙，以上各层设半高连续填充墙，背面各层均设有半高连续填充墙。结构横向除两端山墙外，内横墙每隔一开间也设置满砌填充墙。所有填充墙均采用实心红砖砌筑。图 8.4（a）为震后概貌，显示端部横向填充墙为满砌填充墙，墙面抹灰部分掉落，各层并无横向变形。图 8.4（b）为正面视图，显示底层为卷帘门，没有填充墙，并且底层沿纵向有明显倾斜，二层的半高连续填充墙外闪掉落。图 8.4（c）显示背面底

(a)　　　　　　　　　　　　　　　(b)

(c)　　　　　　　　　　　　　　　(d)

图 8.4　映秀电力仓库

（a）震后概貌；（b）正面底层无填充墙，整体纵向侧移；（c）背面底层纵向填充墙外闪；（d）纵、横填充墙与柱的相互关系

层全部及二层部分半高连续填充墙外闪掉落。图 8.4（d）显示横向和纵向填充墙的具体构造，横向填充墙没有什么特别，纵向则与常规做法不同。图 8.4（c）和图 8.4（d）显示为了拖住纵向半高填充墙，每层柱上端伸出小牛腿，牛腿上支撑小梁，梁上砌筑填充墙，这样填充墙与柱在纵向不在同一平面内，填充墙对柱的纵向变形没有约束，不会形成柱刚度增大的现象，这可能是这栋框架结构能够在地震中立而不倒的主要原因。

8.4　漩口中学办公楼

漩口中学办公楼位于震中映秀，是一栋四层内走廊钢筋混凝土框架结构，与其相邻的单面外走廊框架结构教学楼倒塌，但本办公楼震后表观较好。图 8.5（a）所示的正面及图 8.5（b）所示的背面只能见到填充墙的破坏。该结构底层平面图示于图 8.5（c），可见该结构除①轴为单跨外，其余 5 榀为两跨。每榀框架横向均设置了满砌填充墙，与框架柱、梁的组合具有很好的抗震承载力，既能约束结构横向变形，还能约束结构的扭转变形。考虑到结构纵向 4 道轴线的墙均为开洞墙，外纵墙开窗洞，内纵墙开门洞。开洞后墙

（a）　　　　　　　　　　　　　（b）

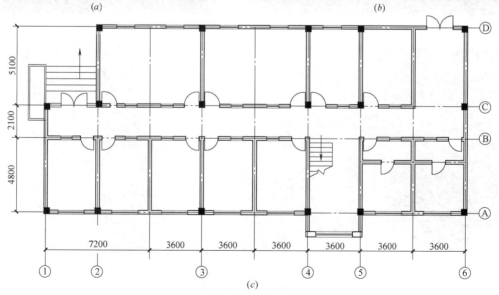

（c）

图 8.5　漩口中学办公楼
（a）震后外观（正面）；（b）震后外观（背面）；（c）底层平面图

体的刚度会大幅降低。综合考虑纵横向的约束情况，结构各层楼板只能沿纵向平动，这就使得纵向地震力按照各构件纵向刚度比例进行分配，以底层为例，外纵墙Ⓐ轴和Ⓓ轴都是开窗洞的，纵向刚度大致相当，纵向地震力也相当，不会像单面外走廊教学楼那样造成"凝震聚力"，这可能是该栋框架结构能够历经强震而不倒的主要原因。

8.5 无填充墙的 RC 框架结构——禹荷大酒店

禹荷大酒店位于 11 度区的北川县城，是一栋在建的六层钢筋混凝土框架结构，设计图显示为九层。图 8.6 (a) 及图 8.6 (b) 为震后外观，仅在楼梯间底层少数柱端出现混凝土少许剥落现象，整体表现很好。图 8.6 (c) 为该结构底层平面图。尽管有一些不规则，但由于地震时没有砌筑任何填充墙，所以不存在因填充墙约束而改变柱侧向刚度以至于产生"凝震聚力"现象，所以结构很好地抗御了 11 度区的强烈地震。

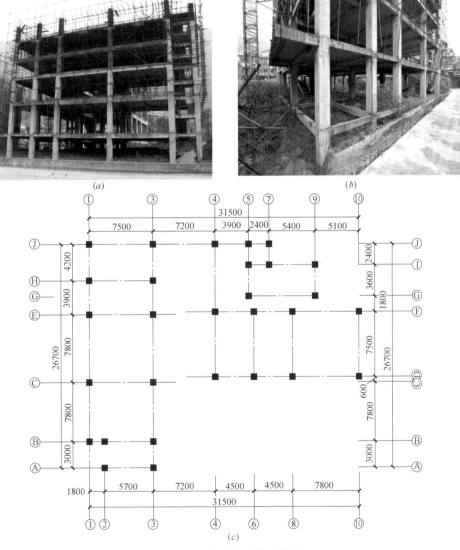

图 8.6 北川县禹荷大酒店

(a) 震后外观（正面）；(b) 震后外观（侧面）；(c) 底层平面图

第 9 章

总结

地震作用下，通常因柱承重失效而引发框架结构倒塌。由于结构倒塌是一个强非线性问题，探讨倒塌机理应主要依靠地震现场震害调查和振动台地震模拟试验。然而震害调查常受到偶然因素干扰，难以取得具有共性的多个样本，振动台试验多数止于结构破坏，轻易不敢加载到倒塌。作者设法克服以上两个困难。

其一是研究以汶川地震中两个极震区（映秀和北川）为对象，从上千栋房屋样本中筛选了各具共性的两类多层混凝土框架结构。一类是以教学楼为代表的单面外走廊框架，这类结构横向用满砌填充墙，所以横向约束很强，地震作用下结构既没有横向变形，也没扭转变形。纵向各道墙均开设尺寸不同的洞口，纵向刚度相对较小，各层楼板以平动模式沿纵向振动。另一类是以办公楼为代表的内走廊框架，横向是一样的，但纵向几乎没有偏心，各层楼板沿纵向振动时，施加于同一层各柱上的地震剪力相差不大。

其二是作者采取了严密的保护措施，实施多次倒塌试验。试验结果显示，对于单面外走廊式的多层框架结构，底层外走廊的柱不受填充墙约束，而教室一侧的柱则受到半高连续填充墙的约束，只有约一半的柱高在楼板纵向往复移动时发生变形，与不受约束的柱相比，侧向刚度高出 6~8 倍，相应的剪力等倍数增加，弯矩增加了 3~4 倍。显然当外走廊的柱仍处于完好状态时，受约束的窗间柱已经出现明显的柱端塑性铰，铰区表层混凝土剥落，核心混凝土酥碎，钢筋压屈外鼓，竖向承载能力显著降低。当随楼板处于较大侧移状态时，窗间柱的倾斜角一般高出外走廊柱一倍，则因 P-Δ 效应彻底丧失承重能力，结构倒塌不可避免。这表明窗下填充墙在结构内力分配过程中发挥着决定性作用，甚至成为触发倒塌的关键因素。

实验结果显示 RC 框架所期望的"强柱弱梁"屈服模式没有出现。实际结构中梁上填充墙对梁有很强的约束作用，两端难以形成塑性铰。而柱上的梁、墙组合体相当于给柱上端提供一个固端约束条件，这样柱端出现塑性铰是很自然的。

试验结果还显示，结构分析应全面客观。除应考虑填充墙等非结构构件的约束作用外，尚应考虑三维约束效应。比如框架结构按照二维进行分析时，难以发现满砌横向填充墙对结构扭转的约束作用。这样，各层楼板纵向平动的结构响应模式就不能展现出来。

参 考 文 献

[1] 郭迅. 汶川大地震震害特点与成因分析 [J]. 地震工程与工程振动，2009，(06)：74-87.

[2] Paulay T. & Priestley M. J. N. Seismic Design of reinforced concrete and Masonry buildings. New York：John Wiley & Sons，Inc，1992.

[3] 林旭川，潘鹏，叶列平，陆新征，赵世春. 汶川地震中典型 RC 框架结构的震害仿真与分析 [J]. 土木工程学报，2009，(05)：13-20.

[4] 马玉虎，陆新征，叶列平，唐代远，李易. 漩口中学典型框架结构震害模拟与分析 [J]. 工程力学，2011，(05)：71-77.

[5] Elwood J K. Shake table tests and analytical studies on the gravity load collapse of reinforced concrete frames [D]. Berkeley，CA：University of California，Berkeley，2002：118-171.

[6] Wu C L，Kuo W W，Yang S J，et al. Collapse of a nonductile concrete frame：shaking table tests [J]. Earthquake Engineering & Structural Dynamics，2009，38 (2)：205-224.

[7] 黄思凝. 外廊式 RC 框架地震破坏及倒塌机理研究 [D]. 哈尔滨：中国地震局工程力学研究所，2012.

[8] 金焕，戴君武. 外廊式 RC 框架结构教学楼的抗震性能研究 [J]. 土木工程学报，2013，(05)：71-77.

[9] 杨伟松. 学校多层 RC 框架结构地震倒塌机理研究 [D]. 中国地震局工程力学研究所，2015.

[10] 黄庆华. 地震作用下钢筋混凝土框架结构空间倒塌反应分析 [D]. 上海：同济大学，2006.

[11] 清华大学，西南交通大学，重庆大学等. 汶川地震建筑震害分析及设计对策 [M]. 北京：中国建筑工业出版社，2009.

[12] 叶列平，曲哲，陆新征，冯鹏. 建筑结构的抗倒塌能力——汶川地震建筑震害的教训 [J]. 建筑结构学报，2008，29 (4)：42-50.

[13] 郭迅. 汶川地震震害与抗倒塌新认识 [C]. 第八届全国地震工程学术会议论文集，2010，291-297.

[14] 张敏政. 地震工程的概念和应用 [M]. 地震出版社，2015.

[15] 孙治国，王东升，李宏男，郭迅，司炳君，王清湘. 汶川地震钢筋混凝土框架震害及震后修复建议 [J]. 自然灾害学报，2010，(04)：114-123.

[16] 叶列平，李易，潘鹏. 漩口中学建筑震害调查分析 [J]. 建筑结构，2009，(11)：54-57＋29.

[17] 叶列平，陆新征，赵世春，李易. 框架结构抗地震倒塌能力的研究——汶川地震极震区几个框架结构震害案例分析 [J]. 建筑结构学报，2009，(06)：67-76.

[18] 张敏政. 地震模拟实验中相似律应用的若干问题 [J]. 地震工程与工程振动，1997，(02)：52-58.

[19] 孟庆利，黄思凝，郭迅. 钢筋混凝土结构小比例尺模型的相似性研究 [J]. 世界地震工程，2008，(04)：1-6.

[20] 顾祥林. 混凝土结构基本原理 [M]. 同济大学出版社，2015.

[21] 建筑抗震设计规范（GB/T 50011—2010）[S]. 北京：中国建筑工业出版社，2010.

[22] 混凝土结构设计规范（GB 50010—2010）[S]. 北京：中国建筑工业出版社，2010.

[23] 普通混凝土力学性能试验方法标准（GB/T 50081—2002）[S]. 北京：中国建筑工业出版社，2006.

[24] 金属材料拉伸试验 第 1 部分：室温试验方法（GB/T228.1—2010）[S]. 北京：国家质量监督检验检疫总局，2019.

[25] 混凝土小型空心砌块试验方法（GB/T 4111—1997）[S]. 北京：中国建筑工业出版社，1997.

[26] 砌体基本力学性能试验方法标准（GBJ 129—90）[S]. 北京：中国建筑工业出版社，1990.

[27] 建筑砂浆基本性能试验方法（JGJ/T 70—90）[S]. 北京：中国建筑工业出版社，1991.

[28] 中国建筑标准设计研究院. 混凝土结构施工图平面整体表示法制图规则和构造详图（03G101-1）. 北京：中国计划出版社，2006.

[29] 中国建筑西南设计研究院. 框架轻质填充墙构造图集（05G701），2005.

[30] 建筑施工手册（第四版）[M]. 北京：中国建筑工业出版社，2008.

[31] 杨伟松. 典型结构模态精确测试及损伤识别方法研究 [D]. 中国地震局工程力学研究所，2012.

[32] 郭迅，阎砺铭，裴强，尚利军. 新型数据采集分析系统及其在工程振动中的应用 [J]. 地震工程与工程振动，2002，（04）：60-65.

[33] 郭迅，李洪涛，王金国. 某悬索桥振动特性现场测试及数值模拟 [J]. 世界地震工程，2008，（03）：1-6.

[34] 何福，郭迅，李保宽. 牛栏江大桥模态测试及数值模拟 [J]. 土木工程学报，2012，（S1）：117-120＋141.

[35] 蒋欢军，吕西林. 钢筋混凝土框架结构层间位移角与构件变形关系研究 [J]. 地震工程与工程振动，2009，（02）：66-72.

[36] 蒋欢军，胡玲玲，应勇. 钢筋混凝土剪力墙结构层间位移角与构件变形的关系研究 [J]. 结构工程师，2011，（06）：26-33.

[37] Nilson A H，Darwin D. Design of concrete structures [M]. McGraw-Hill，1997.